mathe 2000

Probieren und Kombinieren 3

Igelaufgaben zum Zahlenbuch

von Erich Ch. Wittmann und Gerhard N. Müller

Ernst Klett Verlag
Stuttgart · Leipzig

Liebe Kinder,

hier kommt ein neues Heft mit Aufgaben zum Denktraining für schlaue Köpfe. Um die Aufgaben zu lösen müsst ihr wieder probieren und kombinieren.

Viele Aufgaben sind ähnlich wie in den beiden ersten Heften. Einige Aufgaben sind ganz neu. Da müsst ihr neu überlegen. Aber ihr wisst ja jetzt schon: Wer nicht locker lässt, kann jede Aufgabe knacken, wenn nicht beim ersten Versuch, dann vielleicht beim zweiten oder dritten Versuch.

Bei der Lösung helfen euch wieder Zahlenkarten und Rechengeld. Auch Notizblätter sind beim Probieren und Kombinieren sehr nützlich.

Viel Freude und viel Erfolg wünscht euch

In einem Sudoku stehen die Zahlen
1, 2, 3, 4, 5, 6, 7, 8, 9 genau einmal
- in jeder Zeile,
- in jeder Spalte,
- in jedem kleinen Unterquadrat

Überprüfe die Regel.

1	2	4	7	9	5	3	8	6
3	7	8	6	1	4	5	9	2
6	9	5	2	8	3	7	4	1
7	1	3	5	2	8	9	6	4
2	5	9	3	4	6	8	1	7
4	8	6	9	7	1	2	3	5
5	3	2	4	6	9	1	7	8
8	6	7	1	3	2	4	5	9
9	4	1	8	5	7	6	2	3

Setze die fehlenden Zahlen nach der Regel ein.

1

3	2		4	1		8		5
	4	7	5		9		1	
5	1			7	8	4	9	3
	3	8		2	7		5	9
2		1	8		5	7	3	
	7	5	1	4		2		6
6		2	9	5			4	
		4		8	2	9	6	1
1	9	3	7		4		2	8

2

2	3		6	7			8	5
4	7			5	1		2	
	5	6	2		9	7	4	1
9	4	7		6		8		2
3			4			5		
5		2		9	8		7	4
	8	5	9		6	2		7
6	2		7	1			9	
7		4	3		2		5	6

3

	6		4	9		1	2	8
3	9	1		8	7			6
2		4	5					
		9	8		6	2	7	
6		2	3			8	4	1
		5		1	2			3
7		8	1		4	5		9
4			9	7		3	1	2
	1	3	6		5	7		

4

3	9	2		8		1	6	
4	8				2			9
		5	3		1		4	
1	4			5	9	6	2	
		6			8	7		1
	5	3	2		6			4
2			1	4	5	3		8
		9			7			
8	1			6		2		

Die Zahlen zunächst mit Bleistift eintragen und überprüfen.

Ein Geldbetrag wird mit einer bestimmten Anzahl von Münzen gelegt.

Es dürfen nur  benutzt werden.

1 Lege immer zwei **verschiedene** Münzen. Welche Geldbeträge können es sein?
Es gibt 15 verschiedene Lösungen.

50 20 70 Cent

50 10 60 Cent

2 Lege immer drei **verschiedene** Münzen. Welche Geldbeträge können es sein?
Es gibt 20 verschiedene Lösungen.

50 20 10 80 Cent

50 20 5 75 Cent

Verschiedene Beträge mit Rechengeld legen.

1 Lege immer vier **verschiedene** Münzen. Welche Geldbeträge können es sein?
Es gibt 15 verschiedene Lösungen.

(50) (20) (10) (5) 85 Cent

2 Lege immer fünf **verschiedene** Münzen. Welche Geldbeträge können es sein?
Es gibt 6 verschiedene Lösungen.

3 Versuche mit jeweils drei Münzen die Geldbeträge zu legen: 10 Cent, 20 Cent, 30 Cent, 40 Cent, 50 Cent, 60 Cent, 70 Cent, 80 Cent, 90 Cent, 100 Cent.
Welche dieser Beträge lassen sich nicht mit drei Münzen legen?

....

Verschiedene Beträge mit Rechengeld legen. Bei Nr. 3 dürfen gleiche Münzen auch mehrfach auftreten.

Schöne Ergebnisse

Wähle eine zweistellige Zahl in der Hundertertafel und kreise sie ein.
Nimm die Zehnerzahl mal 3 und zähle die Einerziffer dazu.
Ziehe das Ergebnis von der gewählten Zahl ab.
Trage das Endergebnis in das Kästchen der gewählten Zahl ein.

Beispiele:

gewählte Zahl: 21	gewählte Zahl: 74
$2 \cdot 3 + 1 = 7$	$7 \cdot 3 + 4 = 25$
$21 - 7 = 14$	$74 - 25 = 49$

1	2	3	4	5
11	12	13	14	15
(21) 14	22	23	24	25
31	32	33	34	35
41	42	43	44	45
51	52	53	54	55
61	62	63	64	65
71	72	73	(74) 49	75
81	82	83	84	85
91	92	93	94	95

Weitere Rechnungen zu vorgegebener Regel auf Notizblatt durchführen und Ergebnisse in Tabelle eintragen.

Beispiele:

gewählte Zahl: 47
$4 \cdot 3 + 7 = 19$
$47 - 19 = 28$

gewählte Zahl: 48
$4 \cdot 3 + 8 = 20$
$48 - 20 = 28$

6	7	8	9	10
16	17	18	19	20
26	27	28	29	30
36	37	38	39	40
46	(47) 28	(48) 28	49	50
56	57	58	59	60
66	67	68	69	70
76	77	78	79	80
86	87	88	89	90
96	97	98	99	100

Weitere Rechnungen zu vorgegebener Regel auf Notizblatt durchführen und Ergebnisse in Tabelle eintragen.

Schöne Ergebnisse

Wähle eine zweistellige Zahl in der Hundertertafel und kreise sie ein.
Nimm die Zehnerzahl mal 7 und zähle die Einerziffer dazu.
Ziehe das Ergebnis von der gewählten Zahl ab.
Trage das Endergebnis in das Kästchen der gewählten Zahl ein.

Beispiele:

gewählte Zahl: 21
$2 \cdot 7 + 1 = 15$
$21 - 15 = 6$

gewählte Zahl: 74
$7 \cdot 7 + 4 = 53$
$74 - 53 = 21$

1	2	3	4	5
11	12	13	14	15
21 6	22	23	24	25
31	32	33	34	35
41	42	43	44	45
51	52	53	54	55
61	62	63	64	65
71	72	73	74 21	75
81	82	83	84	85
91	92	93	94	95

Weitere Rechnungen zu vorgegebener Regel auf Notizblatt durchführen und Ergebnisse in Tabelle eintragen.

Beispiele:

gewählte Zahl: 47
$4 \cdot 7 + 7 = 35$
$47 - 35 = 12$

gewählte Zahl: 48
$4 \cdot 7 + 8 = 36$
$48 - 36 = 12$

6	7	8	9	10
16	17	18	19	20
26	27	28	29	30
36	37	38	39	40
46	47 12	48 12	49	50
56	57	58	59	60
66	67	68	69	70
76	77	78	79	80
86	87	88	89	90
96	97	98	99	100

Weitere Rechnungen zu vorgegebener Regel auf Notizblatt durchführen und Ergebnisse in Tabelle eintragen.

1 Finde sechs verschiedene Zahlenmauern mit den Grundsteinen 12, 13 und 18.

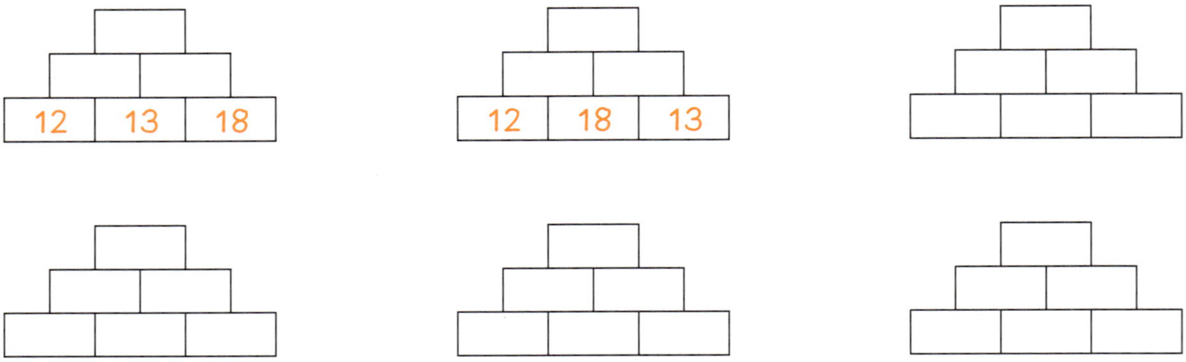

2 Finde 24 verschiedene Zahlenmauern mit den Grundsteinen 7, 12, 13 und 18.
Beginne mit den sechs Mauern, bei denen links unten 7 steht.

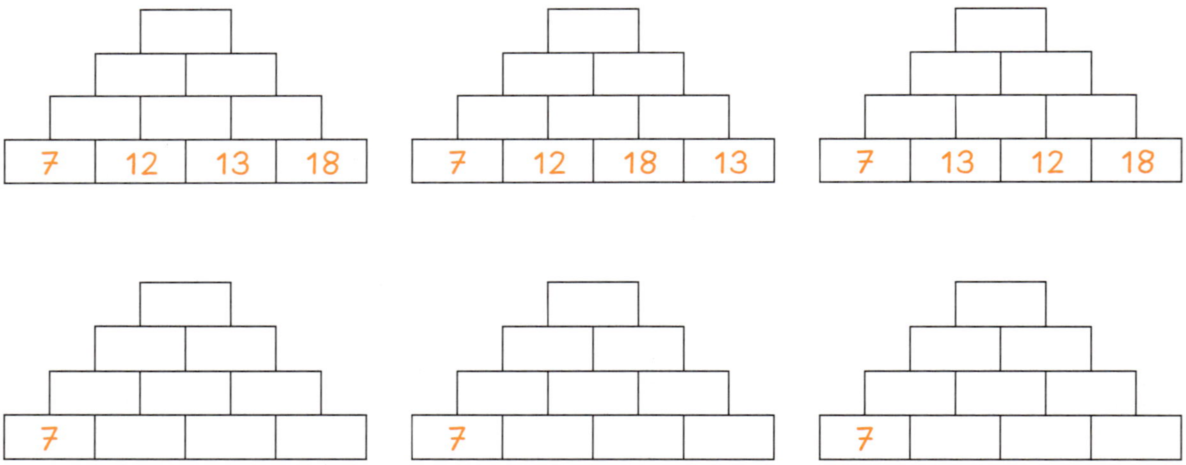

Baue nun die Mauern, bei denen links unten 12 steht.

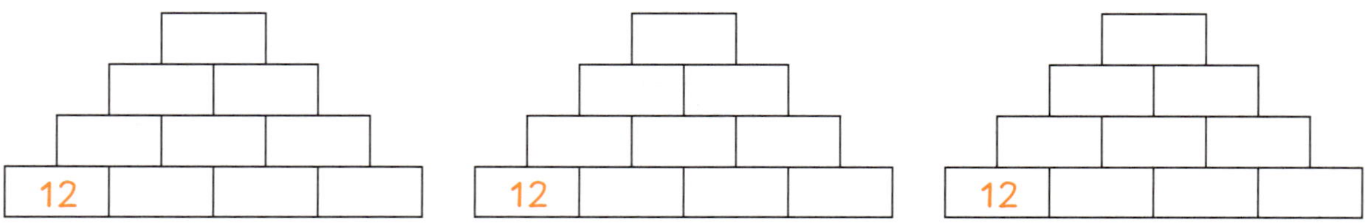

Die möglichen Kombinationen mit drei Grundzahlen für das Auffinden der Kombinationen mit vier Grundzahlen nutzen.
Die Zahlen evtl. auf Zettel schreiben und Kombinationen legen.

Finde noch drei weitere Zahlenmauern mit den Grundsteinen 7, 12, 13 und 18, bei denen links unten 12 steht.

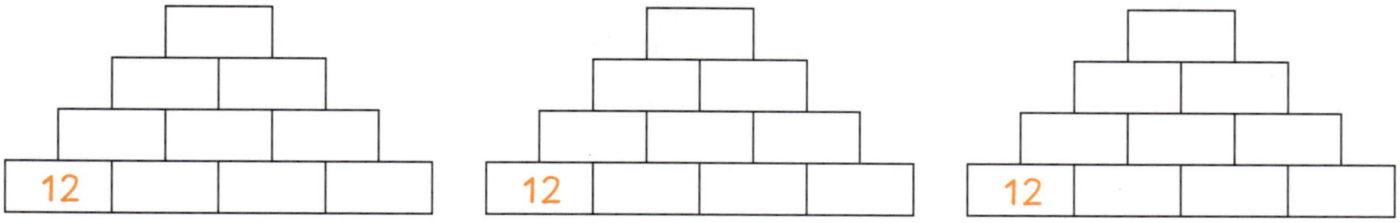

Finde die weiteren zwölf Zahlenmauern mit den Grundsteinen 7, 12, 13 und 18, bei denen links unten 13 oder 18 steht.

Fortsetzung der Aufgabe 2 von Seite 10.

Zahlenmauern

Trage die zehn Zahlen immer passend in die Zahlenmauer ein. Probiere und kombiniere.

1 4, 4, 4, 8, 8, 16, 36, 40, 48, 64

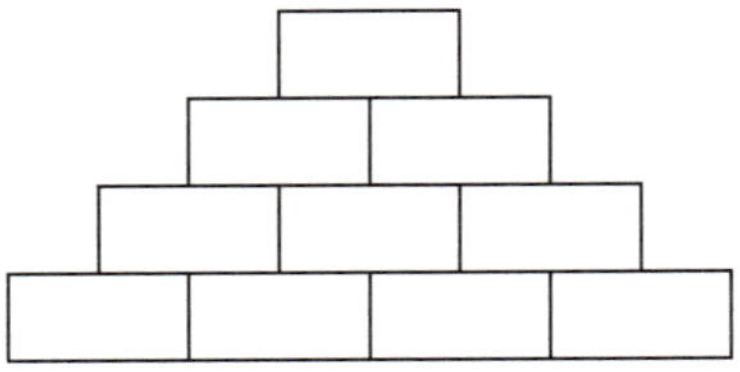

2 3, 4, 10, 13, 14, 27, 36, 40, 54, 81

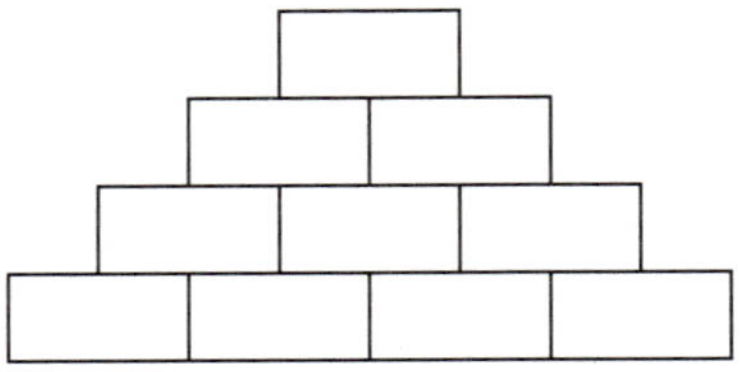

3 7, 10, 17, 18, 26, 28, 33, 45, 50, 95

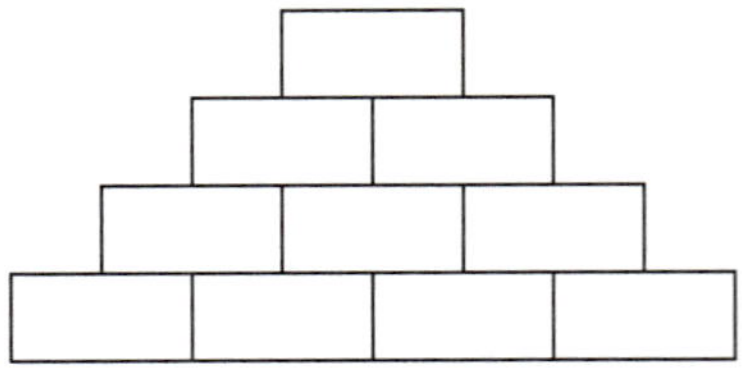

4 0, 0, 5, 5, 25, 25, 30, 35, 55, 90

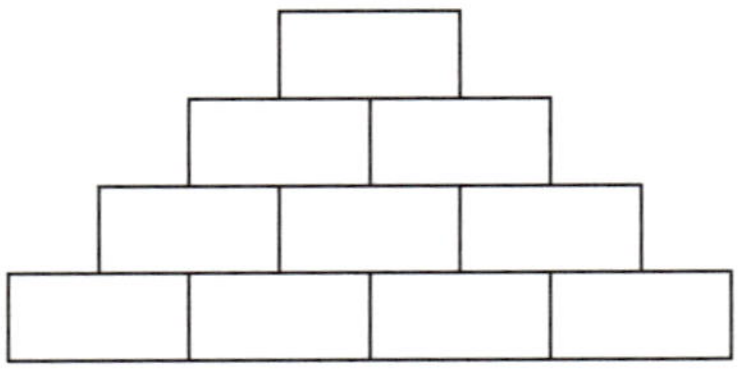

5 2, 3, 5, 17, 20, 23, 25, 40, 60, 85

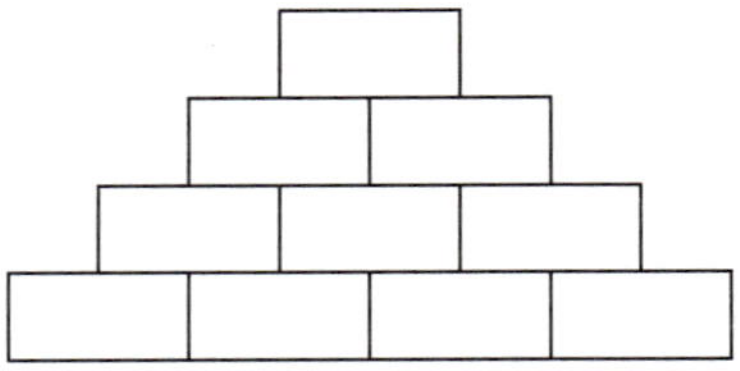

6 3, 5, 6, 11, 25, 28, 30, 41, 58, 99

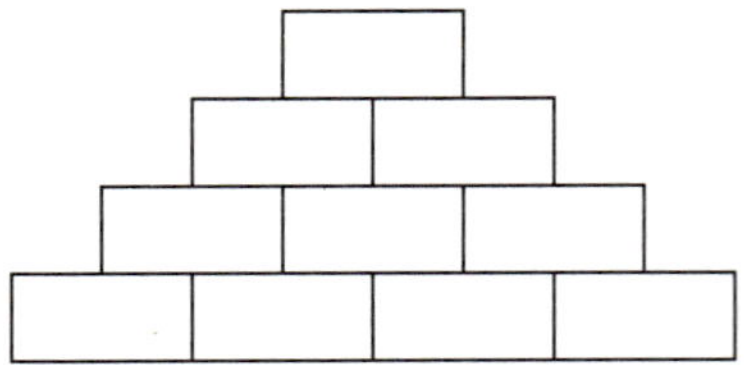

7 1, 6, 7, 8, 13, 21, 37, 43, 56, 77

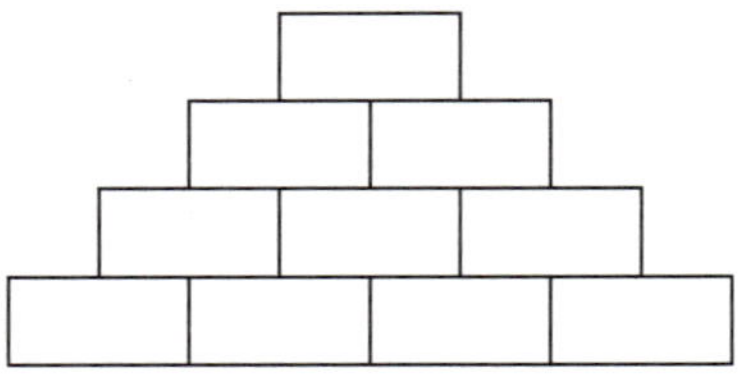

8 5, 12, 16, 17, 21, 33, 38, 45, 62, 100

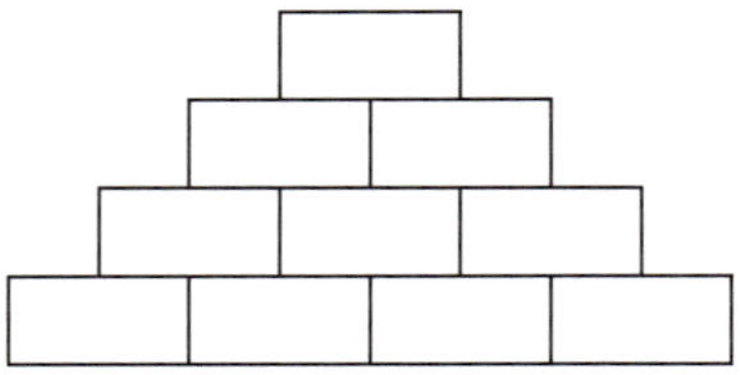

9 3, 13, 14, 19, 22, 27, 33, 55, 60, 115

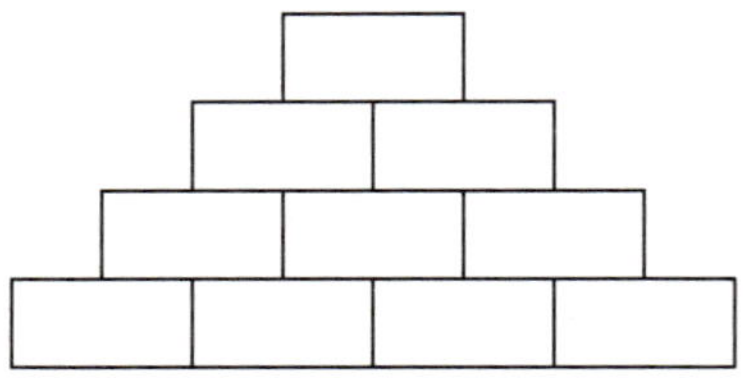

Finde immer eine zehnte passende Zahl und baue eine Mauer. Kreise die Zahl ein.

10 9, 10, 19, 19, 21, 28, 47, 50, 97, **?**

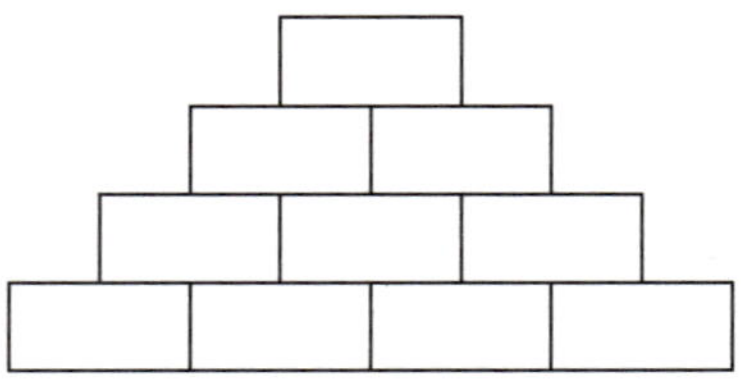

11 7, 3, 13, 18, 20, 21, 31, 52, 103, **?**

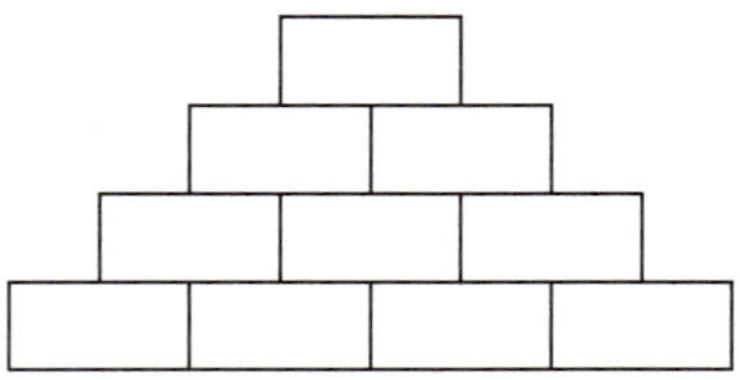

12 4, 8, 12, 16, 20, 22, 36, 50, 86, **?**

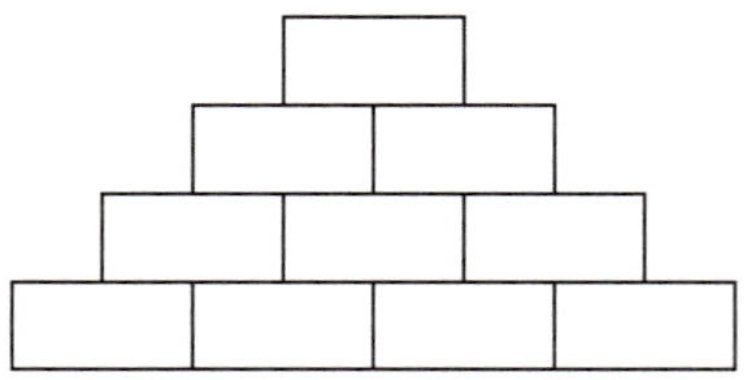

Beim Probieren die Größe der Zahlen beachten, evtl. Zahlen auf kleine Zettel schreiben und Mauern legen.

Trage die fehlenden Zahlen ein. Probiere.

1

61		
25		12

2

61			
25		12	
		8	

3

	61		
32			
	25		12

4

72		
45		15

5

72			
		25	
45		15	

6

72			
45		15	
42			

7

	56		
44			
	28		12

8

124			
	54		
	30		18

9

87	65		
	35		6

10

150			
82			
30		20	

11

75	85		
25		30	

12

65			
36		21	8

13

56			
25		15	
19			

14

88			
35		15	
	7		

15

111			
70		13	
			8

Beziehungen zwischen den Aufgaben Nr. 1–3 (bzw. Nr. 4–6) entdecken und nutzen. Nach diesem Vorbild auch die weiteren Aufgaben lösen. Bei jeder Mauer alle Rechnungen am Schluss prüfen.

Trage jeweils die sechs Zahlen passend in das Rechendreieck ein.

1 185, 230, 405, 220, 415, 450

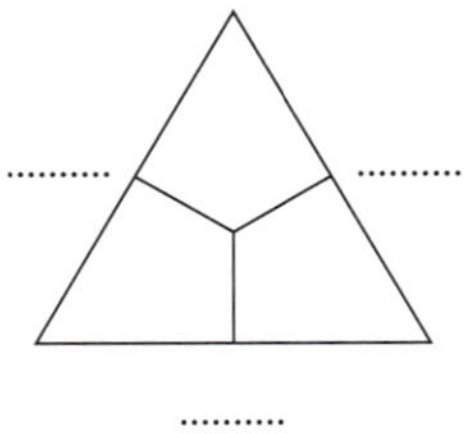

2 185, 230, 405, 220, 45, 265

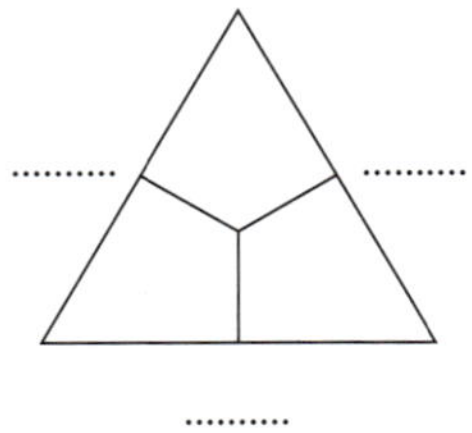

3 185, 230, 405, 415, 590, 635

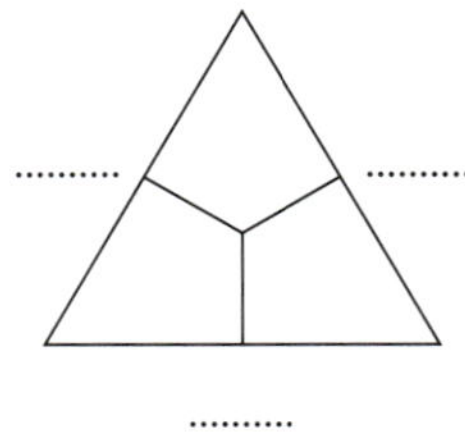

4 185, 230, 405, 45, 450, 590

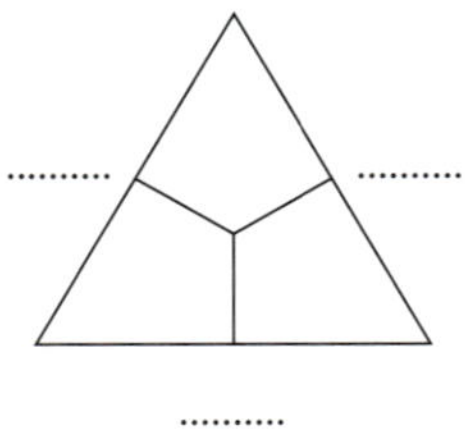

5 185, 230, 405, 175, 360, 415

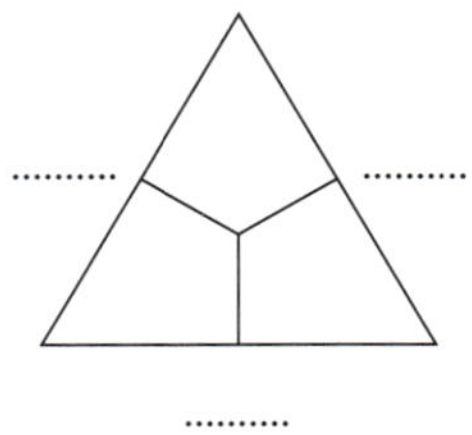

6 185, 230, 405, 5, 180, 225

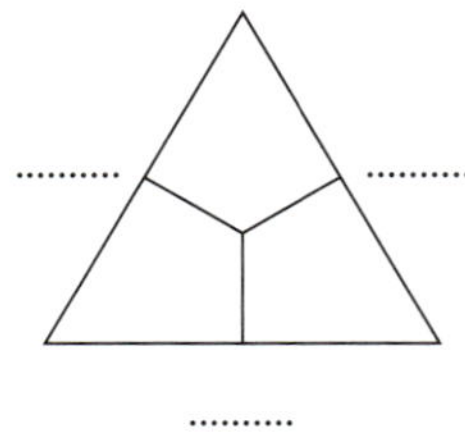

Finde jeweils eine passende sechste Zahl und setze die Zahlen in das Rechendreieck ein. Kreise die sechste Zahl ein.

7 15, 45, 55, 60, 70, **?**

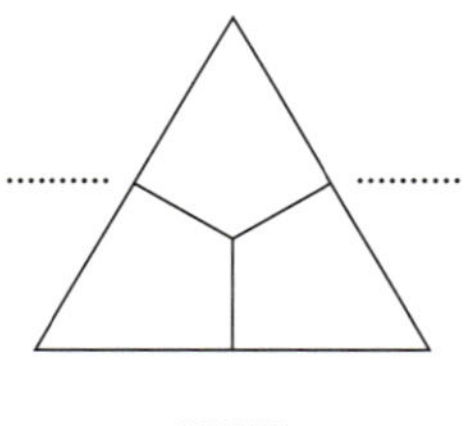

8 170, 780, 610, 260, 870, **?**

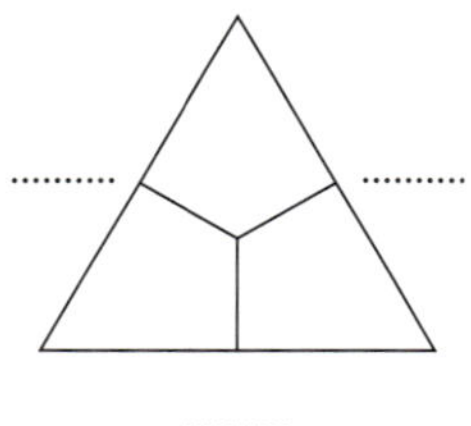

9 30, 120, 160, 190, 250, **?**

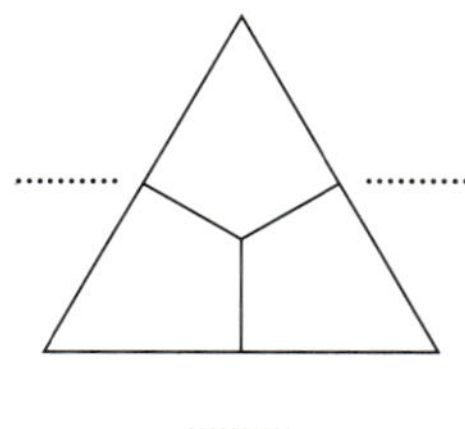

10 204, 154, 50, 96, 200, **?**

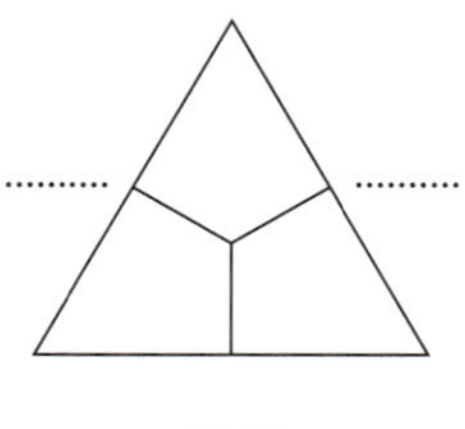

11 111, 333, 444, 555, 777, **?**

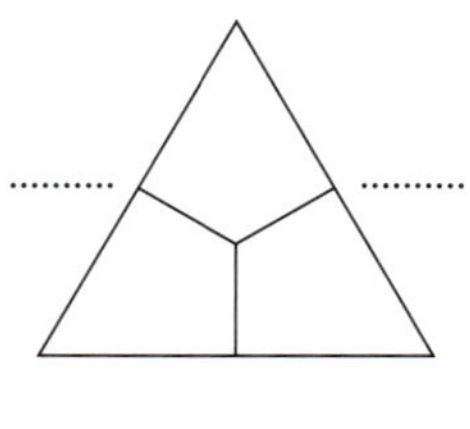

12 83, 34, 117, 117, 34, **?**

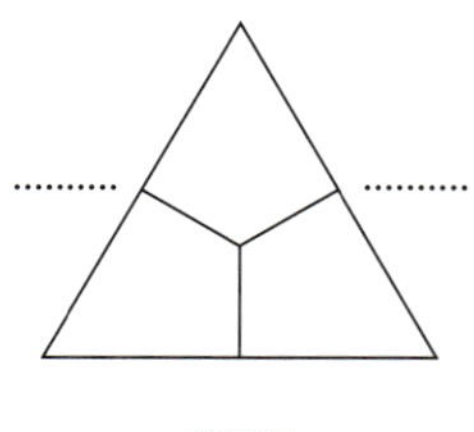

Die Zahlen evtl. auf kleine Zettel schreiben und Aufgaben auf groß gezeichnetem Rechendreieck probierend lösen.

Setze die fehlenden Zahlen ein. Probiere.

1. 400 | 500 | 600
2. 110 | 115 | 165
3. 44 | 99 | 121

4. 170 | 160 | 180
5. 1000 | 1000 | 380
6. 606 | 707 | 909
7. 350 | 550 | 450
8. 310 | 520 | 610
9. 182 | 162 | 202
10. 360 | 440 | 550
11. 169 | 225 | 106
12. 640 | 770 | 590
13. 123 | 231 | 312
14. 169 | 180 | 51
15. 550 | 440 | 650
16. 450 | 670 | 780
17. 468 | 357 | 579
18. 648 | 864 | 486

Mit Bleistift und Radiergummi probieren. Zuvor Größenordnung der Lösungen (mit Zehner- und Hunderterzahlen) abschätzen.

Zahlen an der Stellentafel legen

1 Finde alle Zahlen, die du mit zwei Plättchen an der Stellentafel legen kannst.
Schreibe die Zahlen auf.

H	Z	E	H	Z	E	H	Z	E	H	Z	E	H	Z	E	H	Z	E
		●●		●	●												
		2			11			....			....			....			....

2 Alle Zahlen mit drei Plättchen.

H	Z	E	H	Z	E	H	Z	E	H	Z	E	H	Z	E
		●●●												
		3			....			....			....			....

H	Z	E	H	Z	E	H	Z	E	H	Z	E	H	Z	E
		....			....			....			....			....

3 Alle Zahlen mit vier Plättchen.

H	Z	E	H	Z	E	H	Z	E	H	Z	E	H	Z	E
							●●	●●						
		....			....			22			....			....

H	Z	E	H	Z	E	H	Z	E	H	Z	E	H	Z	E
		....			....			....			....			....

H	Z	E	H	Z	E	H	Z	E	H	Z	E	H	Z	E
		....			....			....			....			....

Zur Lösung evtl. eine große Stellentafel und Plättchen verwenden.

Seite 25:

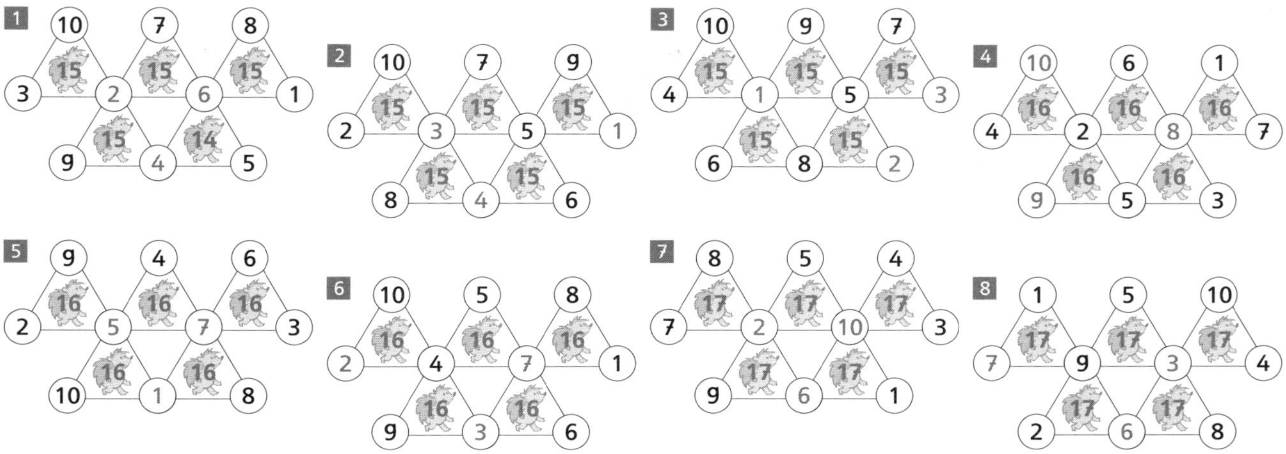

Seite 26:

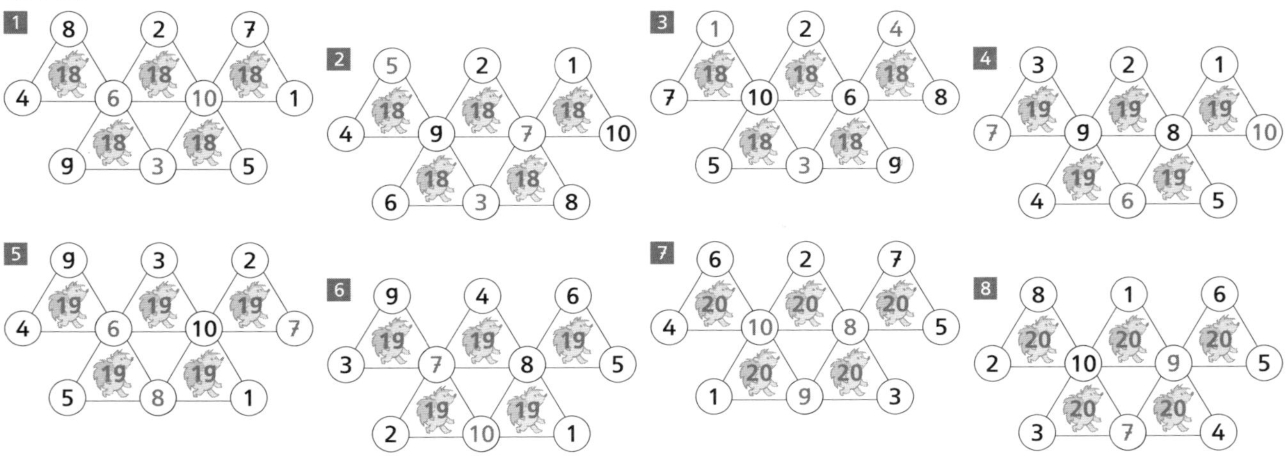

Seite 27:

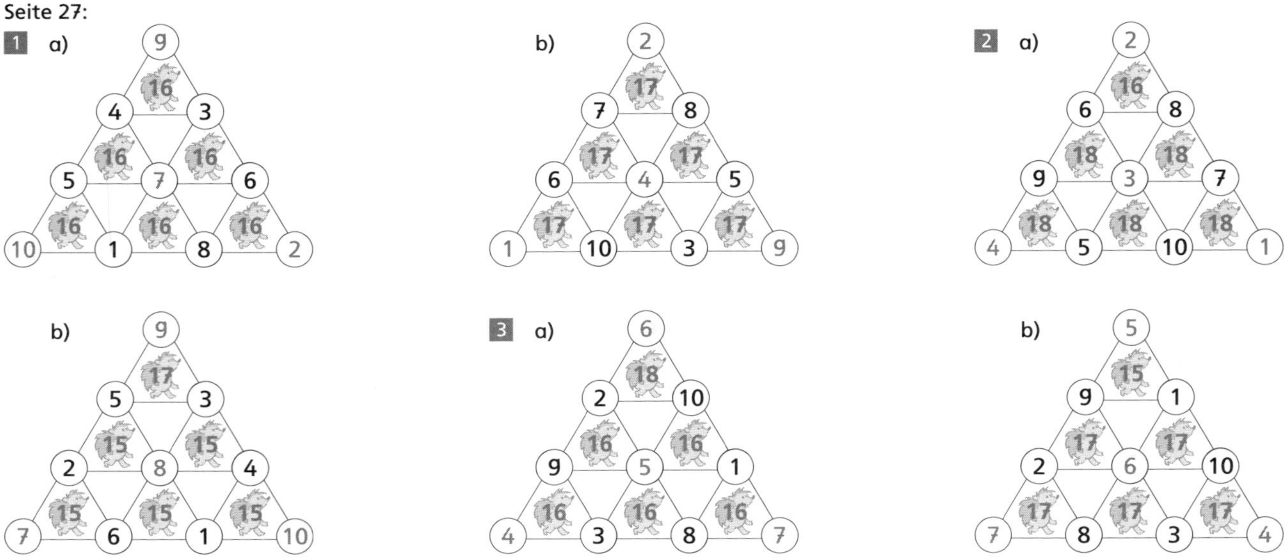

Hinweis: Vorgestellt wird in der Regel nur eine Lösung. Bei einigen Aufgaben gibt es auch weitere Lösungen.

Seite 21:

1 a) 654 − 123 = 531 b) 654 − 132 = 522 c) 645 − 132 = 513 d) 625 − 134 = 491 e) 624 − 135 = 489 f) 625 − 143 = 482

2 a) 654 − 213 = 441 b) 654 − 231 = 423 c) 635 − 214 = 421 d) 634 − 215 = 419 e) 651 − 234 = 417 f) 651 − 243 = 408

3 a) 526 − 134 = 392 b) 524 − 136 = 388 c) 532 − 146 = 386 d) 532 − 164 = 368 e) 523 − 164 = 359 f) 563 − 214 = 349

4 a) 642 − 351 = 291 b) 531 − 246 = 285 c) 564 − 312 = 252 d) 514 − 263 = 251 e) 653 − 412 = 241 f) 652 − 413 = 239

5 a) 621 − 435 = 186 b) 416 − 235 = 181 c) 631 − 452 = 179 d) 621 − 453 = 168 e) 612 − 453 = 159 f) 265 − 134 = 131

6 a) 346 − 251 = 95 b) 415 − 326 = 89 c) 243 − 156 = 87 d) 341 − 256 = 85 e) 612 − 543 = 69 f) 412 − 365 = 47

Seite 22:

1

·	6	30
4	24	120
7	42	210

2

·	9	2
8	72	16
70	630	140

3

·	5	9
20	100	180
40	200	360

4

·	20	8
4	80	32
10	200	80

5

·	9	30
5	45	150
6	54	180

6

·	4	10
30	120	300
10	40	100

7

·	90	70
7	630	490
9	810	630

8

·	4	10
30	120	300
8	32	80

9

·	6	70
3	18	210
5	30	350

10

·	4	60
6	24	360
3	12	180

·	6	90
4	24	360
2	12	180

11

·	8	60
4	32	240
3	24	180

·	4	30
8	32	240
6	24	180

12

·	60	80
3	180	240
5	300	400

·	30	40
6	180	240
10	300	400

Seite 23:

1

·	5	10
8	40	80
9	45	90

2

·	50	60
2	100	120
5	250	300

3

·	80	70
7	560	490
8	640	560

4

·	20	7
4	80	28
8	160	56

5

·	40	80
9	360	720
7	280	560

6

·	8	9
6	48	54
7	56	63

7

·	7	5
4	28	20
8	(56)	40

8

·	10	30
4	40	(120)
9	90	270

9

·	8	(40)
5	40	200
6	48	240

10

·	8	(5)
30	240	150
40	320	200

11

·	4	30
6	24	180
9	(36)	270

12

·	30	7
3	90	21
10	(300)	70

Seite 24:

1

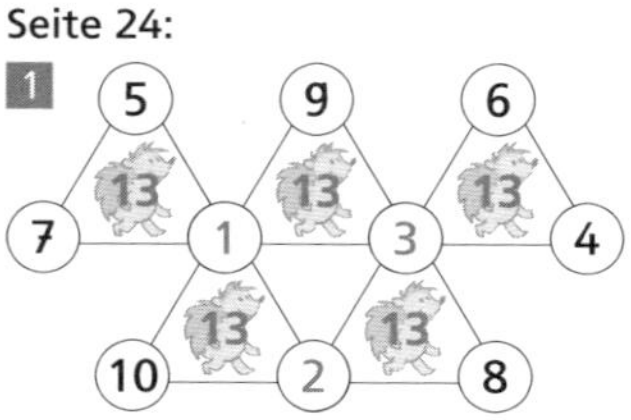

2

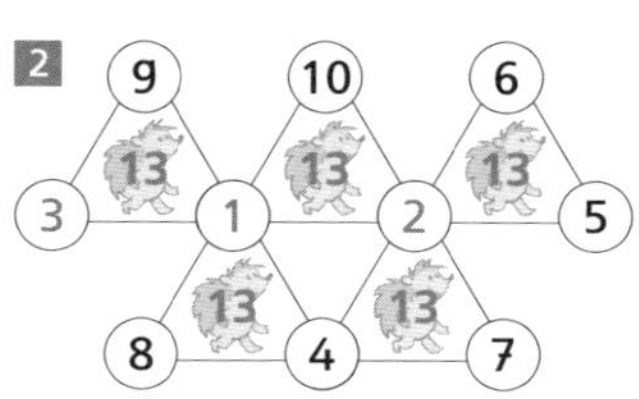

3

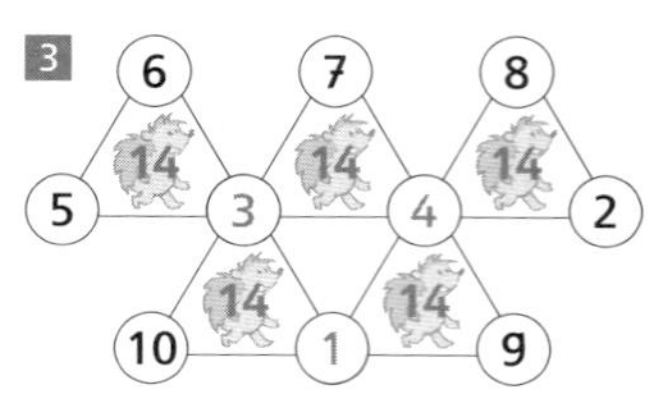

4

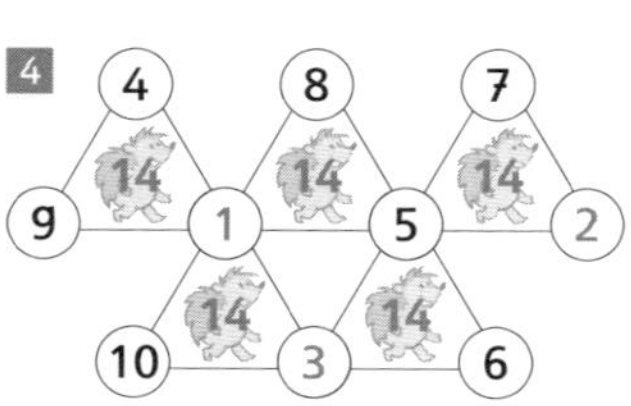

5

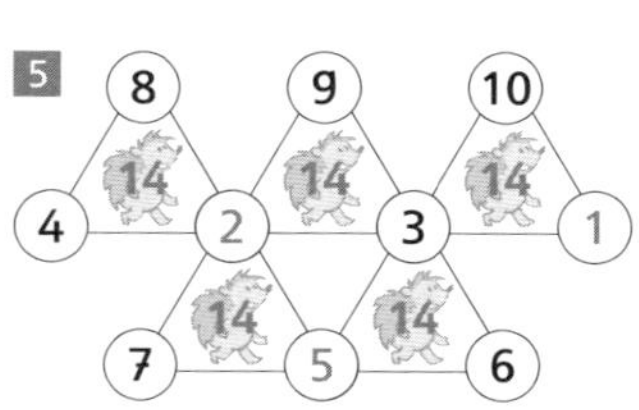

6

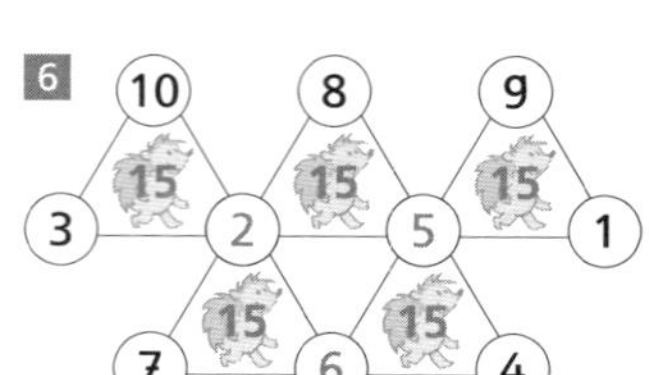

Hinweis: Vorgestellt wird in der Regel nur eine Lösung. Bei einigen Aufgaben gibt es auch weitere Lösungen.

Seite 14:

1	405	220	450	185	230	415
2	405	220	265	185	45	230
3	415	230	635	185	405	590
4	230	185	590	45	405	450
5	360	185	415	175	230	405
6	185	180	405	5	225	230
7	60	45	(100)	15	55	70
8	780	610	870	170	260	(430)
9	190	160	250	30	(90)	120
10	204	154	200	50	(46)	96
11	444	333	777	111	(444)	555
12	117	83	117	34	34	(68)

Seite 15:

1	400	150	500	250	350	600
2	110	30	115	80	85	165
3	44	11	99	33	88	121
4	170	75	160	95	85	180
5	1000	710	1000	190	190	380
6	606	202	707	404	505	909
7	350	225	550	125	325	450
8	310	110	520	200	410	610
9	182	71	162	111	91	202
10	360	125	440	235	315	550
11	169	144	225	25	81	106
12	640	410	770	230	360	590
13	123	21	231	102	210	312
14	169	149	180	20	31	51
15	550	170	440	380	270	650
16	450	170	670	280	500	780
17	468	123	357	345	234	579
18	648	513	864	135	351	486

Seite 16: **1** 2, 11, 20, 101, 110, 200 **2** 3, 12, 21, 30, 102, 111, 120, 201, 210, 300
3 4, 13, 22, 31, 40, 103, 112, 121, 130, 202, 211, 220, 301, 310, 400

Seite 17: **1** 5, 14, 23, 32, 41, 50, 104, 113, 122, 131, 140, 203, 212, 221, 230, 302, 311, 320, 401, 410, 500
2 a) Achim: 403, 421, 511, 601 b) Anke: 106, 124, 142, 160 **3** Özul: 66, Miriam: 132

Seite 18/19:

1 Malaufgaben: 4 = 2·2, 6 = 2·3 = 3·2, 8 = 2·4 = 4·2, 9=3·3, 12 = 2·6 = 6·2 = 3·4 = 4·3, 14 = 2·7 = 7·2, 15 = 3·5 = 5·3, 16 = 4·4, 18 = 2·9 = 9·2 = 3·6 = 6·3, 21 = 3·7 = 7·3, 24 = 3·8 = 8·3 = 4·6 = 6·4, 25 = 5·5, 27 = 3·9 = 9·3, 28 = 4·7 = 7·4, 32 = 4·8 = 8·4, 36 = 6·6 = 4·9 = 9·4, 42 = 6·7 = 7·6, 45 = 5·9 = 9·5, 48 = 6·8 = 8·6, 49 = 7·7, 54 = 6·9 = 9·6, 56 = 7·8 = 8·7, 63 = 7·9 = 9·7, 64 = 8·8, 72 = 8·9 = 9·8, 81 = 9·9

2 Plus- oder Minusaufgaben:

1=15−14	2=14−12	3= 9− 6	4=28−24	5=54−49	6=14− 8	7=49−42	8=12− 4	9=54−45	10=14− 4
11=15− 4	12= 8+ 4	13= 9+ 4	14= 8+ 6	15= 9+ 6	16=12+ 4	17= 9+ 8	18=27− 9	19=25− 6	20=12+ 8
21=12+ 9	22=54−32	23=15+ 8	24=15+ 9	25=49−24	26=12+14	27=36− 9	28=49−21	29=25+ 4	30=72−42
31=25+ 6	32=36− 4	33=42− 9	34=25+ 9	35=49−14	36=72−36	37=72−35	38=42− 4	39=48− 9	40=36+ 4
41=35+ 6	42=54−12	43=27+16	44=56−12	45=63−18	46=81−35	47=32+15	48=32+16	49=63−14	50=64−14
51=45+ 6	52=36+16	53=49+ 4	54=48+ 6	55=49+ 6	56=48+ 8	57=48+ 9	58=49+ 9	59=63− 4	60=64− 4
61=36+25	62=48+14	63=48+15	64=48+16	65=49+16	66=48+18	67=49+18	68=72− 4	69=81−12	70=56+14
71=56+15	72=81− 9	73=81− 8	74=42+32	75=48+27	76=49+27	77=49+28	78=54+24	79=54+25	80=56+24
81=54+27	82=54+28	83=56+27	84=56+28	85=49+36	86=72+14	87=72+15	88=63+25	89=64+25	90=48+42
91=49+42	92=56+36	93=72+21	94=49+45	95=63+32	96=64+32	97=81+16	98=63+35	99=63+36	100=64+36

Seite 20:

1 a) 135 + 246 = 381 b) 136 + 254 = 390 c) 146 + 253 = 399 d) 243 + 165 = 408 e) 345 + 126 = 471 f) 326 + 154 = 480

2 a) 324 + 165 = 489 b) 156 + 342 = 498 c) 165 + 342 = 507 d) 246 + 315 = 561 e) 216 + 354 = 570 f) 126 + 453 = 579

3 a) 165 + 432 = 597 b) 265 + 341 = 606 c) 416 + 235 = 651 d) 526 + 134 = 660 e) 526 + 143 = 669 f) 536 + 142 = 678

4 a) 563 + 124 = 687 b) 562 + 143 = 705 c) 416 + 325 = 741 d) 516 + 234 = 750 e) 416 + 352 = 768 f) 426 + 351 = 777

5 a) 365 + 421 = 786 b) 564 + 231 = 795 c) 563 + 241 = 804 d) 514 + 326 = 840 e) 645 + 213 = 858 f) 526 + 341 = 867

6 a) 564 + 312 = 876 b) 561 + 324 = 885 c) 651 + 243 = 894 d) 561 + 342 = 903 e) 615 + 324 = 939 f) 652 + 431 = 1083

Hinweis: Vorgestellt wird in der Regel nur eine Lösung. Bei einigen Aufgaben gibt es auch weitere Lösungen.

Seite 28:

3 · 4 = 12	6 · 4 = 24	3 · 6 = 18	5 · 6 = 30	3 · 5 = 15
12 − 11 = 1	24 : 3 = 8	18 − 11 = 7	30 − 3 = 27	15 + 11 = 26
1 · 6 = 6	8 + 5 = 13	7 + 5 = 12	27 − 11 = 16	26 − 6 = 20
6 − 5 = (1)	13 − 11 = (2)	12 : 4 = (3)	16 : 4 = (4)	20 : 4 = (5)
3 · 6 = 18	3 · 5 = 15	5 · 4 = 20	5 · 4 = 20	3 · 5 = 15
18 − 11 = 7	15 − 11 = 4	20 − 11 = 9	20 − 6 = 14	15 − 11 = 4
7 + 4 = 11	4 : 4 = 1	9 : 3 = 3	14 − 11 = 3	4 · 4 = 16
11 − 5 = (6)	1 + 6 = (7)	3 + 5 = (8)	3 · 3 = (9)	16 − 6 = (10)
3 · 4 = 12	5 + 4 = 9	4 · 11 = 44	4 · 6 = 24	5 · 11 = 55
12 − 11 = 1	9 + 6 = 15	44 + 6 = 50	24 : 3 = 8	55 − 6 = 49
1 · 5 = 5	15 − 11 = 4	50 : 5 = 10	8 − 5 = 3	49 − 4 = 45
5 + 6 = (11)	4 · 3 = (12)	10 + 3 = (13)	3 + 11 = (14)	45 : 3 = (15)
3 · 5 = 15	3 · 4 = 12	3 · 4 = 12	4 · 11 = 44	3 · 6 = 18
15 + 11 = 26	12 : 6 = 2	12 : 6 = 2	44 − 5 = 39	18 − 4 = 14
26 − 6 = 20	2 · 11 = 22	2 + 11 = 13	39 : 3 = 13	14 − 5 = 9
20 − 4 = (16)	22 − 5 = (17)	13 + 5 = (18)	13 + 6 = (19)	9 + 11 = (20)

Seite 29:

11 + 8 = 19	18 − 11 = 7	18 + 5 = 23	3 · 18 = 54	7 · 5 = 35
19 − 18 = 1	7 · 5 = 35	23 − 3 = 20	54 − 5 = 49	35 − 18 = 17
1 + 7 = 8	35 − 8 = 27	20 − 18 = 2	49 : 7 = 7	17 − 7 = 10
8 − 5 = 3	27 : 3 = 9	2 · 7 = 14	7 + 8 = 15	10 + 3 = 13
3 : 3 = (1)	9 − 7 = (2)	14 − 11 = (3)	15 − 11 = (4)	13 − 8 = (5)
11 + 8 = 19	3 · 8 = 24	11 · 5 = 55	18 + 3 = 21	7 + 5 = 12
19 − 18 = 1	24 − 18 = 6	55 − 18 = 37	21 − 11 = 10	12 + 11 = 23
1 + 7 = 8	6 + 5 = 11	37 + 8 = 45	10 : 5 = 2	23 + 8 = 31
8 − 5 = 3	11 − 11 = 0	45 : 3 = 15	2 · 8 = 16	31 − 3 = 28
3 + 3 = (6)	0 + 7 = (7)	15 − 7 = (8)	16 − 7 = (9)	28 − 18 = (10)
3 · 11 = 33	11 · 8 = 88	8 + 11 = 19	8 · 7 = 56	8 · 11 = 88
33 − 18 = 15	88 − 5 = 83	19 − 18 = 1	56 − 18 = 38	88 − 18 = 70
15 + 8 = 23	83 + 7 = 90	1 + 3 = 4	38 − 11 = 27	70 : 7 = 10
23 − 7 = 16	90 : 3 = 30	4 · 5 = 20	27 : 3 = 9	10 : 2 = 5
16 − 5 = (11)	30 − 18 = (12)	20 − 7 = (13)	9 + 5 = (14)	5 · 3 = (15)
11 + 7 = 18	7 · 5 = 35	11 · 3 = 33	7 · 8 = 56	5 · 11 = 55
18 − 18 = 0	35 − 18 = 17	33 − 18 = 15	56 − 11 = 45	55 − 7 = 48
0 + 3 = 3	17 + 8 = 25	15 : 5 = 3	45 − 18 = 27	48 : 8 = 6
3 + 5 = 8	25 + 3 = 28	3 + 7 = 10	27 − 3 = 24	6 : 3 = 2
8 + 8 = (16)	28 − 11 = (17)	10 + 8 = (18)	24 − 5 = (19)	2 + 18 = (20)

Seite 30:

1 14 : 2 = 7
14 + 2 = 16
14 − 2 = 12
14 · 2 = 28

2 24 : 3 = 8
24 − 3 = 21
24 · 3 = 72
24 + 3 = 27

3 25 + 5 = 30
25 − 5 = 20
125 : 5 = 25
5 · 5 = 25

4 18 : 3 = 6
18 : 2 = 9
18 · 2 = 36
18 + 7 = 25

5 4 · 8 = 40 − 8
6 · 8 = 40 + 8
6 + 8 = 2 · 7

6 3 · 8 = 6 · 4
8 · 8 = 60 + 4
17 + 8 = 5 · 5

7 26 − 14 = 6 · 2
3 · 6 = 36 : 2
6 · 6 = 4 · 9

8 9 · 9 = 90 − 9
7 · 2 = 10 + 4
5 · 3 = 20 − 5

9 9 − 6 = 3 · 1
5 · 4 = 2 · 10
4 · 3 = 14 − 2

10 9 · 7 = 60 + 3
5 + 8 = 4 + 9
8 − 5 = 9 − 6

11 7 · 4 = 40 − 12
7 · 4 = 14 · 2
3 + 7 = 7 + 3

12 5 · 6 = 20 + 10
3 · 9 = 30 − 3
7 · 6 = 36 + 6

13 15 + 10 = 5 · 5
18 + 9 = 3 · 9
5 · 7 = 40 − 5

14 5 · 7 = 70 : 2
5 · 2 = 90 : 9
15 · 2 = 60 : 2

15 8 + 17 = 50 : 2
17 − 8 = 3 · 3
14 + 6 = 10 · 2

16 12 : 4 = 2 + 1
25 · 4 = 10 · 10
18 · 2 = 4 · 9

17 20 · 5 = 10 · 10
7 · 9 = 9 · 7
12 − 7 = 17 − 12

18 18 + 7 = 13 + 12
8 · 3 = 4 · 6
100 : 10 = 50 : 5

19 45 : 9 = 20 : 4
7 · 6 = 21 · 2
28 : 7 = 12 : 3

20 20 : 4 = 40 : 8
20 · 4 = 4 · 20
20 · 4 = 2 · 40

21 56 : 8 = 28 : 4
36 : 4 = 72 : 8
49 − 7 = 7 · 6

22 16 + 4 = 1 · 20
16 : 4 = 20 : 5
16 − 4 = 20 − 8

Seite 31: **1** 250, 750 **2** 800, 200 **3** 50, 20 **4** 20, 5 **5** 550, 450 **6** 300, 400 **7** 240, 140 **8** 8, 25 **9** a) 7, b) 8, c) 14, d) 12

Seite 32: **1** 10 Euro und 6 Euro **2** Nach 9 Monaten **3** 192 Schafe **4** 400 mm **5** 24 Stunden

Hinweis: Vorgestellt wird in der Regel nur eine Lösung. Bei einigen Aufgaben gibt es auch weitere Lösungen.

Fortsetzung Seite 10:

2

- 100 / 44 56 / 19 25 31 / 7 12 13 18
- 110 / 49 61 / 19 30 31 / 7 12 18 13
- 100 / 45 55 / 20 25 30 / 7 13 12 18
- 112 / 51 61 / 20 31 30 / 7 13 18 12
- 110 / 55 55 / 25 30 25 / 7 18 12 13
- 112 / 56 56 / 25 31 25 / 7 18 13 12
- 90 / 39 51 / 19 20 31 / 12 7 13 18
- 100 / 44 56 / 19 25 31 / 12 7 18 13
- 90 / 45 45 / 25 20 25 / 12 13 7 18

Seite 11:

- 112 / 56 56 / 25 31 25 / 12 13 18 7
- 100 / 55 45 / 30 25 20 / 12 18 7 13
- 112 / 61 51 / 30 31 20 / 12 18 13 7
- 88 / 39 49 / 20 19 30 / 13 7 12 18
- 100 / 45 55 / 20 25 30 / 13 7 18 12
- 88 / 44 44 / 25 19 25 / 13 12 7 18
- 110 / 55 55 / 25 30 25 / 13 12 18 7
- 100 / 56 44 / 31 25 19 / 13 18 7 12
- 110 / 61 49 / 31 30 19 / 13 18 12 7
- 88 / 44 44 / 25 19 25 / 18 7 12 13
- 90 / 45 45 / 25 20 25 / 18 7 13 12
- 88 / 49 39 / 30 19 20 / 18 12 7 13
- 100 / 55 45 / 30 25 20 / 18 12 13 7
- 90 / 51 39 / 31 20 19 / 18 13 7 12
- 100 / 56 44 / 31 25 19 / 18 13 12 7

Seite 12:

1 64 / 48 16 / 40 8 8 / 36 4 4 4

2 81 / 54 27 / 40 14 13 / 36 4 10 3

3 95 / 45 50 / 28 17 33 / 18 10 7 26

4 90 / 55 35 / 25 30 5 / 0 25 5 0

5 85 / 60 25 / 40 20 5 / 23 17 3 2

6 99 / 58 41 / 28 30 11 / 3 25 5 6

7 77 / 56 21 / 43 13 8 / 37 6 7 1

8 100 / 62 38 / 45 17 21 / 33 12 5 16

9 115 / 60 55 / 27 33 22 / 13 14 19 3

10 97 / 50 47 / (31) 19 28 / 21 10 9 19

11 103 / 52 (51) / 21 31 20 / 3 18 13 7

12 86 / 50 36 / (30) 20 16 / 22 8 12 4

Seite 13:

1 61 / 37 24 / 25 12 12

2 61 / 37 24 / 25 12 12 / 21 4 8 4

3 130 / 69 61 / 32 37 24 / 7 25 12 12

4 72 / 51 21 / 45 6 15

5 118 / 72 46 / 51 21 25 / 45 6 15 10

6 72 / 51 21 / 45 6 15 / 42 3 3 12

7 136 / 80 56 / 44 36 20 / 16 28 8 12

8 124 / 70 54 / 37 33 21 / 7 30 3 18

9 152 / 87 65 / 40 47 18 / 5 35 12 6

10 150 / 82 68 / 46 36 32 / 30 16 20 12

11 160 / 75 85 / 35 40 45 / 25 10 30 15

12 119 / 65 54 / 40 25 29 / 36 4 21 8

13 56 / 33 23 / 25 8 15 / 19 6 2 13

14 88 / 54 34 / 35 19 15 / 28 7 12 3

15 111 / 84 27 / 70 14 13 / 61 9 5 8

Hinweis: Vorgestellt wird in der Regel nur eine Lösung. Bei einigen Aufgaben gibt es auch weitere Lösungen.

Seite 3:

1

3	2	9	4	1	6	8	7	5
8	4	7	5	3	9	6	1	2
5	1	6	2	7	8	4	9	3
4	3	8	6	2	7	1	5	9
2	6	1	8	9	5	7	3	4
9	7	5	1	4	3	2	8	6
6	8	2	9	5	1	3	4	7
7	5	4	3	8	2	9	6	1
1	9	3	7	6	4	5	2	8

2

2	3	1	6	7	4	9	8	5
4	7	9	8	5	1	6	2	3
8	5	6	2	3	9	7	4	1
9	4	7	5	6	3	8	1	2
3	1	8	4	2	7	5	6	9
5	6	2	1	9	8	3	7	4
1	8	5	9	4	6	2	3	7
6	2	3	7	1	5	4	9	8
7	9	4	3	8	2	1	5	6

3

5	6	7	4	9	3	1	2	8
3	9	1	2	8	7	4	5	6
2	8	4	5	6	1	9	3	7
1	3	9	8	4	6	2	7	5
6	7	2	3	5	9	8	4	1
8	4	5	7	1	2	6	9	3
7	2	8	1	3	4	5	6	9
4	5	6	9	7	8	3	1	2
9	1	3	6	2	5	7	8	4

4

3	9	2	5	8	4	1	6	7
4	8	1	6	7	2	5	3	9
6	7	5	3	9	1	8	4	2
1	4	8	7	5	9	6	2	3
9	2	6	4	3	8	7	5	1
7	5	3	2	1	6	9	8	4
2	6	7	1	4	5	3	9	8
5	3	9	8	2	7	4	1	6
8	1	4	9	6	3	2	7	5

Seite 4: 1 70 Cent, 60 Cent, 55 Cent, 52 Cent, 51 Cent, 30 Cent, 25 Cent, 22 Cent, 21 Cent, 15 Cent, 12 Cent, 11 Cent, 7 Cent, 6 Cent, 3 Cent 2 80 Cent, 75 Cent, 72 Cent, 71 Cent, 65 Cent, 62 Cent, 61 Cent, 57 Cent, 56 Cent, 53 Cent, 35 Cent, 32 Cent, 31 Cent, 27 Cent, 26 Cent, 23 Cent, 17 Cent, 16 Cent, 13 Cent, 8 Cent

Seite 5: 1 85 Cent, 82 Cent, 81 Cent, 77 Cent, 76 Cent, 73 Cent, 67 Cent, 66 Cent, 63 Cent, 58 Cent, 37 Cent, 36 Cent, 33 Cent, 28 Cent, 18 Cent 2 87 Cent, 86 Cent, 83 Cent, 78 Cent, 68 Cent, 38 Cent 3 10 Cent und 100 Cent

Seite 6/7:

1	2	3	4	5	6	7	8	9	10
11 7	12 7	13 7	14 7	15 7	16 7	17 7	18 7	19 7	20 14
21 14	22 14	23 14	24 14	25 14	26 14	27 14	28 14	29 14	30 21
31 21	32 21	33 21	34 21	35 21	36 21	37 21	38 21	39 21	40 28
41 28	42 28	43 28	44 28	45 28	46 28	47 28	48 28	49 28	50 35
51 35	52 35	53 35	54 35	55 35	56 35	57 35	58 35	59 35	60 42
61 42	62 42	63 42	64 42	65 42	66 42	67 42	68 42	69 42	70 49
71 49	72 49	73 49	74 49	75 49	76 49	77 49	78 49	79 49	80 56
81 56	82 56	83 56	84 56	85 56	86 56	87 56	88 56	89 56	90 63
91 63	92 63	93 63	94 63	95 63	96 63	97 63	98 63	99 63	100

Seite 8/9:

1	2	3	4	5	6	7	8	9	10
11 3	12 3	13 3	14 3	15 3	16 3	17 3	18 3	19 3	20 6
21 6	22 6	23 6	24 6	25 6	26 6	27 6	28 6	29 6	30 9
31 9	32 9	33 9	34 9	35 9	36 9	37 9	38 9	39 9	40 12
41 12	42 12	43 12	44 12	45 12	46 12	47 12	48 12	49 12	50 15
51 15	52 15	53 15	54 15	55 15	56 15	57 15	58 15	59 15	60 18
61 18	62 18	63 18	64 18	65 18	66 18	67 18	68 18	69 18	70 21
71 21	72 21	73 21	74 21	75 21	76 21	77 21	78 21	79 21	80 24
81 24	82 24	83 24	84 24	85 24	86 24	87 24	88 24	89 24	90 27
91 27	92 27	93 27	94 27	95 27	96 27	97 27	98 27	99 27	100

Seite 10:

1

56	61	55	61	55	56
25 31	30 31	25 30	31 30	30 25	31 25
12 13 18	12 18 13	13 12 18	13 18 12	18 12 13	18 13 12

Hinweis: Vorgestellt wird in der Regel nur eine Lösung. Bei einigen Aufgaben gibt es auch weitere Lösungen.

1 Finde alle Zahlen, die du mit fünf Plättchen an der Stellentafel legen kannst.

H	Z	E	H	Z	E	H	Z	E	H	Z	E	H	Z	E

....

H	Z	E	H	Z	E	H	Z	E	H	Z	E	H	Z	E

....

H	Z	E	H	Z	E	H	Z	E	H	Z	E	H	Z	E

....

H	Z	E	H	Z	E	H	Z	E	H	Z	E	H	Z	E	H	Z	E

....

2 Welche Zahlen können es sein?

a) Achim legt mit 7 Plättchen ungerade Zahlen größer als 400.
Zahlen von Achim: ....

b) Anke legt mit 7 Plättchen gerade Zahlen zwischen 100 und 200.
Zahlen von Anke: ....

3 Özul hat mit 12 Plättchen eine gerade Zahl kleiner 100 gelegt. Miriam hat das Doppelte dieser Zahl gelegt. Sie hat dazu aber nur 6 Plättchen gebraucht.
Welche Zahlen haben die Kinder gelegt?

Zahl von Özul: .... Zahl von Miriam: ....

Zur Lösung evtl. eine große Stellentafel und Plättchen verwenden.

Zahlen erreichen

1 Schreibe zuerst zu den eingekreisten Zahlen die zugehörigen Einmaleinsaufgaben.

2 Bilde immer aus zwei eingekreisten Zahlen eine Plus- oder Minusaufgabe, rechne aus und schreibe die Aufgabe zu dem Ergebnis in der Tafel.

1	2	3	(4) $2 \cdot 2$	5
11 = 15 − 4	(12) $2 \cdot 6$ $3 \cdot 4$ $6 \cdot 2$ $4 \cdot 3$	13 = 9 + 4	(14)	(15) ....
(21)	22	23	(24)	(25) ....
31	(32)	33	34	(35) ....
41	(42)	43	44	(45) ....
51	52	53	(54)	55
61	62	(63)	(64)	65
71	(72)	73	74	75
(81)	82	83	84	85
91	92	93	94	95

Für Proberechnungen Notizblatt verwenden. Richtige Ergebnisse dann in alle Felder eintragen.

Welche Zahlen könnt ihr erreichen?

6 $2 \cdot 3$ $3 \cdot 2$	7	8 $2 \cdot 4$ $4 \cdot 2$	9 $3 \cdot 3$	10
16	17	18	19	20
26	27	28	29	30
36	37	38	39	40
46	47	48	49	50
56	57	58	59	60
66	67	68	69	70
76	77	78	79	80
86	87	88	89	90
$96 = 64 + 32$	97	98	99	100

Fortsetzung der Aufgabe von Seite 18.

Ziffern kombinieren

Bilde aus den Ziffern 1, 2, 3, 4, 5 und 6 immer eine Plusaufgabe mit zwei dreistelligen Zahlen und versuche die angegebenen Ergebnisse zu erreichen.

1

	a)	b)	c)	d)	e)	f)
	1 3 5	1 3 6	1 4 6	2 _ _	3 _ _	_ _ _
+	2 4 6	2 5 4	2 5 3	1 _ _	1 _ _	1 5 _
	3 8 1			4 0 8	4 7 1	4 8 0

2

	a)	b)	c)	d)	e)	f)
		_ _ 6	_ 6 _	2 _ _		
+	1 _ _					
	4 8 9	4 9 8	5 0 7	5 6 1	5 7 0	5 7 9

3

	a)	b)	c)	d)	e)	f)
			4 _ _			
+		_ 4 _				
	5 9 7	6 0 6	6 5 1	6 6 0	6 6 9	6 7 8

4

	a)	b)	c)	d)	e)	f)
				5 _ _		
+			_ _ 5			
	6 8 7	7 0 5	7 4 1	7 5 0	7 6 8	7 7 7

5

	a)	b)	c)	d)	e)	f)
					_ _ 5	
+			_ _ 1			
	7 8 6	7 9 5	8 0 4	8 4 0	8 5 8	8 6 7

6

	a)	b)	c)	d)	e)	f)
					_ _ 5	
+						
	8 7 6	8 8 5	8 9 4	9 0 3	9 3 9	1 0 _ 3

Aufgaben mit Zahlenkarten probierend lösen.

Bilde aus den Ziffern 1, 2, 3, 4, 5 und 6 immer eine Minusaufgabe mit zwei dreistelligen Zahlen und versuche die angegebenen Ergebnisse zu erreichen.

1

	H	Z	E		H	Z	E		H	Z	E
a)	6	5	4	−	1	2	3		5	3	1
b)	6	5	4	−	1	3	2				
c)	6	4	5	−	1	3	2				
d)	6	2	5	−	1	3	4				
e)		2		−			5		4	8	9
f)		2		−		4			4	8	2

2

	H	Z	E		H	Z	E		H	Z	E
a)	6			−					4	4	1
b)				−					4	2	3
c)				−					4	2	1
d)		3		−					4	1	9
e)		5		−					4	1	7
f)	6			−			3		4	0	8

3

	H	Z	E		H	Z	E		H	Z	E
a)	5			−		3			3	9	2
b)	5			−			6		3	8	8
c)				−		4	6		3	8	6
d)				−		6	4		3	6	8
e)	5			−	1				3	5	9
f)		6		−		1			3	4	9

4

	H	Z	E		H	Z	E		H	Z	E
a)		4		−		5			2	9	1
b)	5			−	2				2	8	5
c)	5			−	3				2	5	2
d)			4	−					2	5	1
e)				−					2	4	1
f)				−			3		2	3	9

5

	H	Z	E		H	Z	E		H	Z	E
a)		2		−			5		1	8	6
b)	4			−	2				1	8	1
c)			1	−			2		1	7	9
d)		2		−		5			1	6	8
e)	6			−			3		1	5	9
f)		6		−					1	3	1

6

	H	Z	E		H	Z	E		H	Z	E
a)	3			−	2					9	5
b)		1		−		2				8	9
c)				−		5	6			8	7
d)	3			−			6			8	5
e)				−	5	4				6	9
f)	4			−		6				4	7

Aufgaben mit Zahlenkarten probierend lösen.

Maltabellen

Die inneren Zahlen der Tabelle sind die Ergebnisse von Malaufgaben, die aus den linken und oberen Randzahlen gebildet werden.

Überprüfe.

•	60	3
4	240	12
7	420	21

Setze die fehlenden Zahlen ein.

1

•	6	30
4		
7		

2

•	9	2
8		
70		

3

•	5	9
20		
40		

4

•	20	
4		32
		80

5

•	9	
5		150
	54	

6

•	4	
		300
10		100

7

•		
7	630	
9		630

8

•	4	
30		300
	32	

9

•		
	18	210
	30	350

Finde immer zwei verschiedene Lösungen.

10

•	4	
	24	360
		180

•	6	
	24	360
		180

11

•		
4	32	240
		180

•		
8	32	240
		180

12

•		
3		240
	300	400

•		
6		240
	300	400

Am Schluss die Lösungen durch Nachrechnen aller Felder prüfen.

Trage jeweils die acht Zahlen passend ein. Probiere. Es sind verschiedene Lösungen möglich.

1 5, 8, 9, 10, 40, 45, 80, 90

·	5	10
8	40	80
9	45	90

2 2, 5, 50, 60, 100, 120, 250, 300

·	50	
2		
5		

3 7, 8, 70, 80, 490, 560, 560, 640

·		

4 4, 7, 8, 20, 28, 56, 80, 160

·		

5 7, 9, 40, 80, 280, 360, 560, 720

·		

6 6, 7, 8, 9, 48, 54, 56, 63

·		

Finde jeweils eine weitere Zahl und setze die Zahlen passend ein. Kreise die neue Zahl ein.

7 4, 5, 7, 8, 20, 28, 40, **?**

·	7	5
4	28	20
8	(56)	40

8 4, 9, 10, 30, 40, 90, 270, **?**

·		

9 5, 6, 8, 40, 48, 200, 240, **?**

·		

10 8, 30, 40, 150, 200, 240, 320, **?**

·		

11 4, 6, 9, 24, 30, 180, 270, **?**

·		

12 3, 7, 10, 21, 30, 70, 90, **?**

·		

Evtl. Zahlen auf einen kleinen Zettel schreiben und auf einer großen Maltabelle als Operationsfeld die Lösungen probierend erschließen.

Igeldreiecke

In einem Igeldreieck ergeben die drei Zahlen in den Ecken zusammen immer die innere Igelzahl. Die Zahl 0 wird **nicht** benutzt.

Trage die Zahlen 1, 2, 3, 4, 5, 6, 7, 8, 9, 10 passend ein.

1

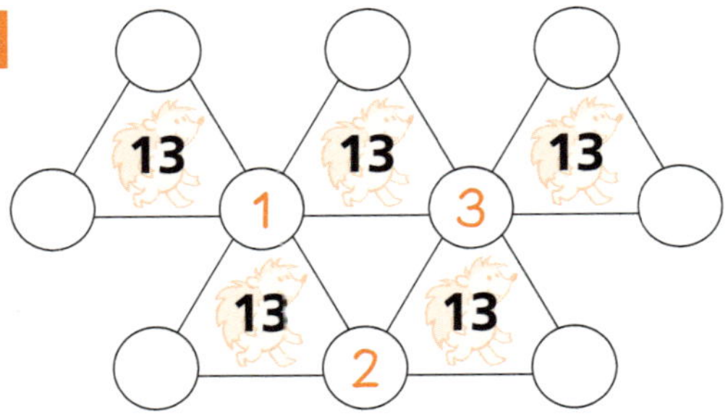

2

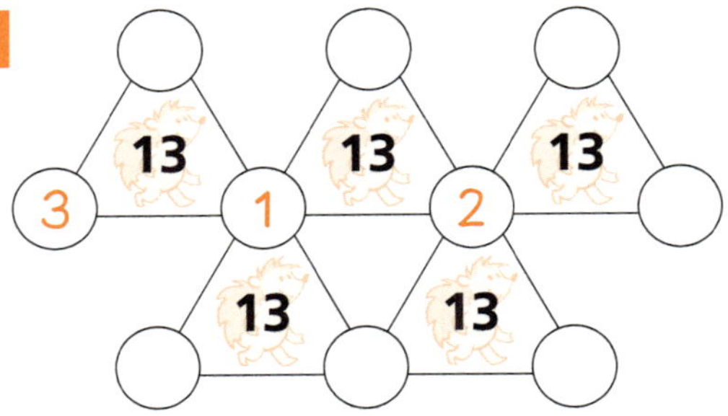

3

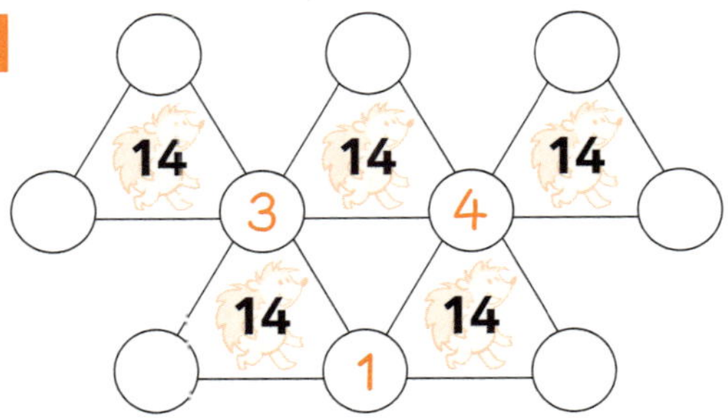

4

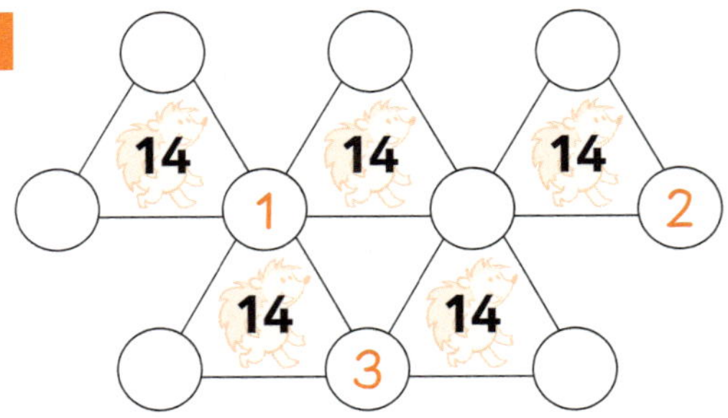

5

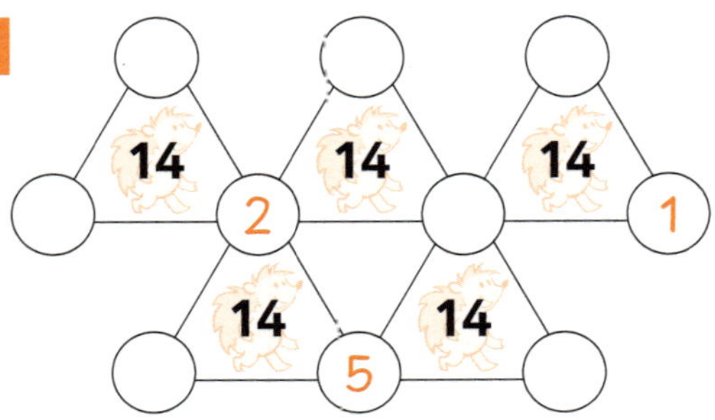

6

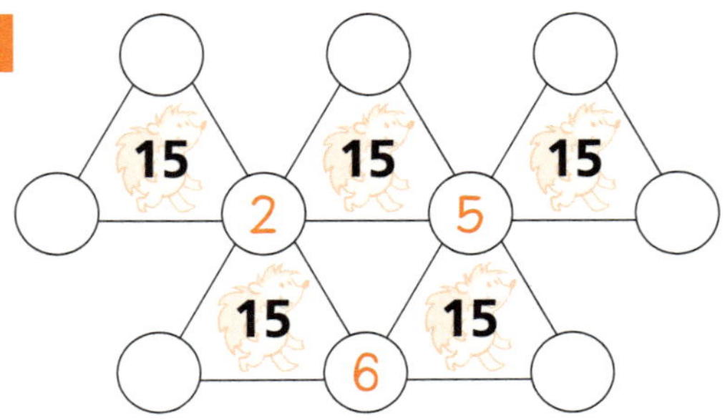

Evtl. Konfiguration als Operationsfeld groß aufzeichnen und Aufgaben mit Zahlenkarten probierend lösen.

Trage die Zahlen 1, 2, 3, 4, 5, 6, 7, 8, 9, 10 passend ein.

1

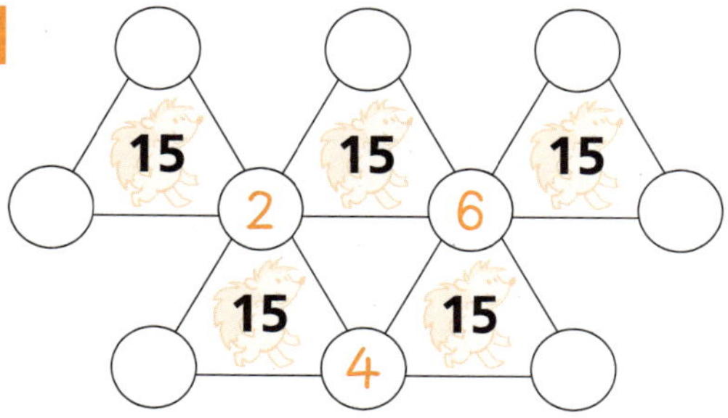

2

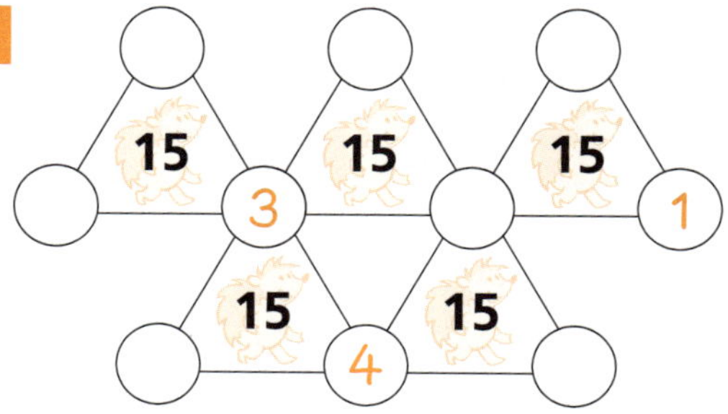

3

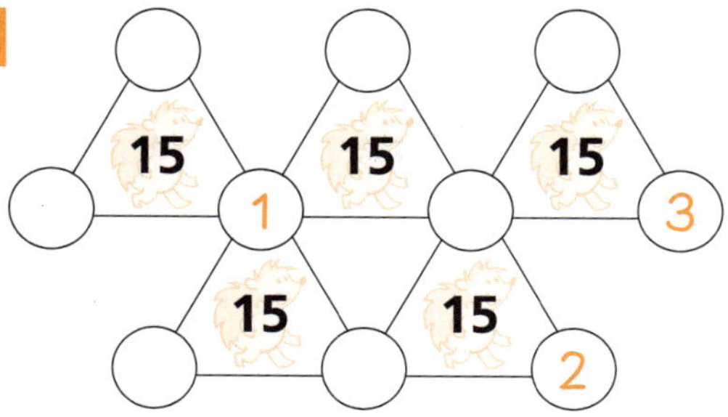

4

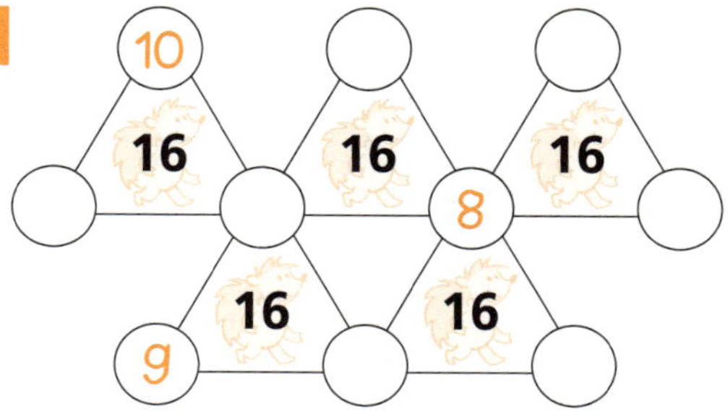

5

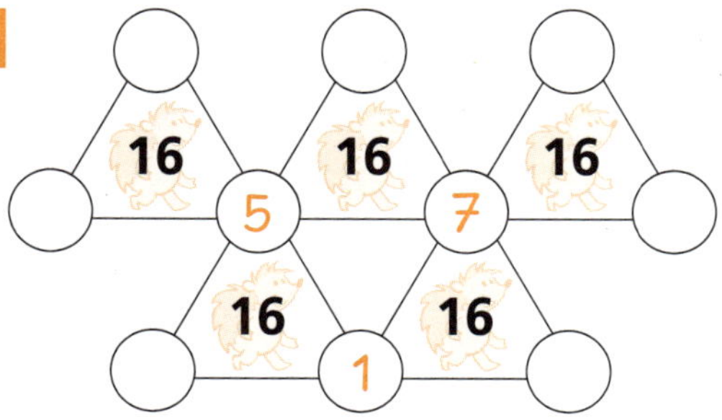

6

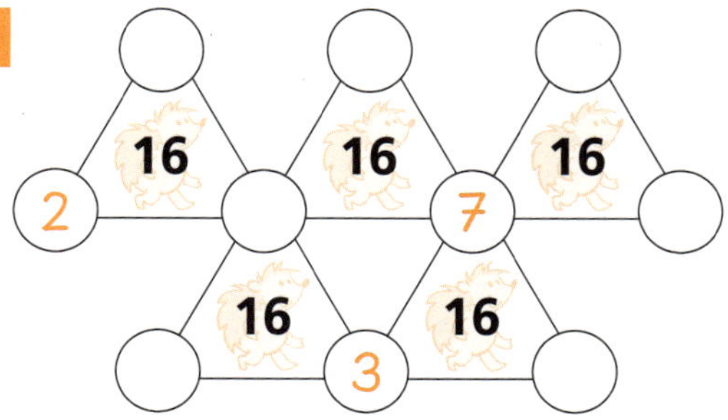

7

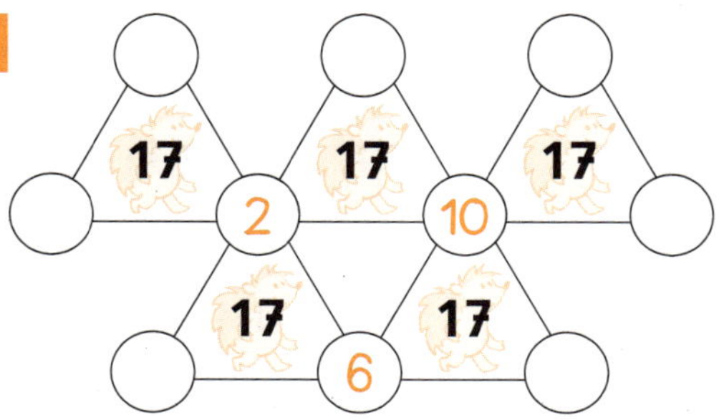

8

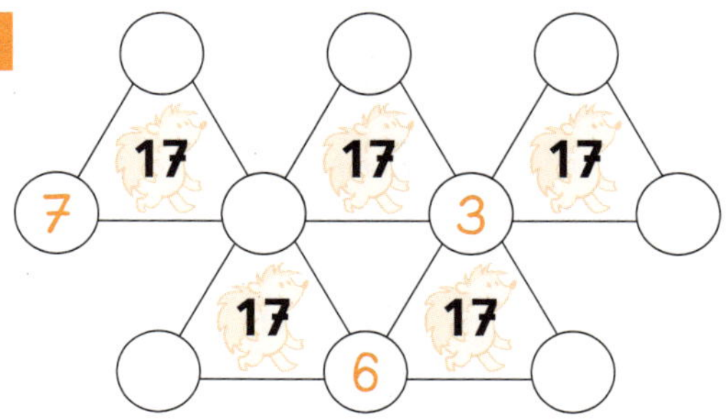

Evtl. Konfiguration als Operationsfeld groß aufzeichnen und Aufgaben mit Zahlenkarten probierend lösen.

Igeldreiecke

Trage die Zahlen 1, 2, 3, 4, 5, 6, 7, 8, 9, 10 passend ein.

1

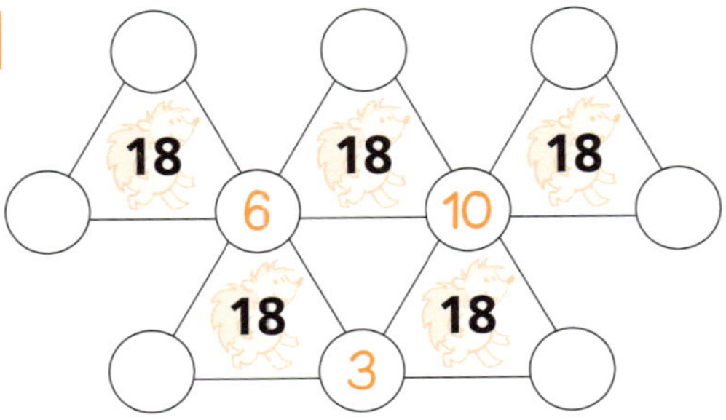

2

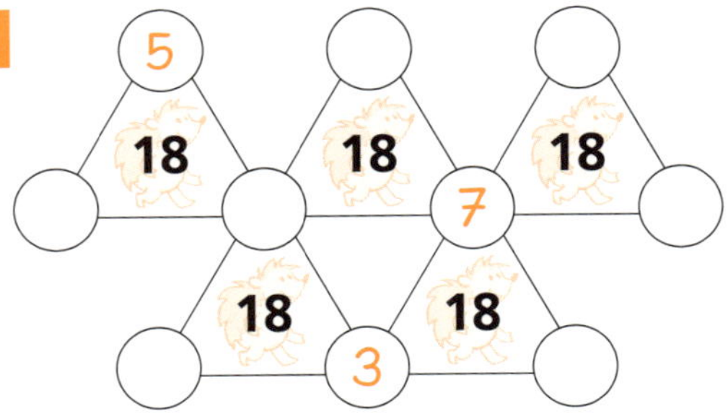

3

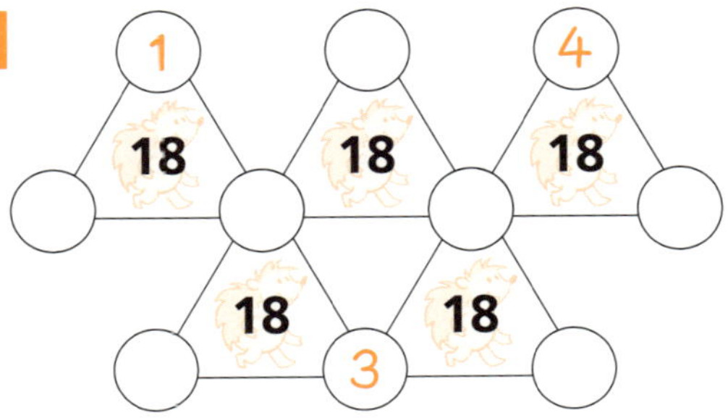

4

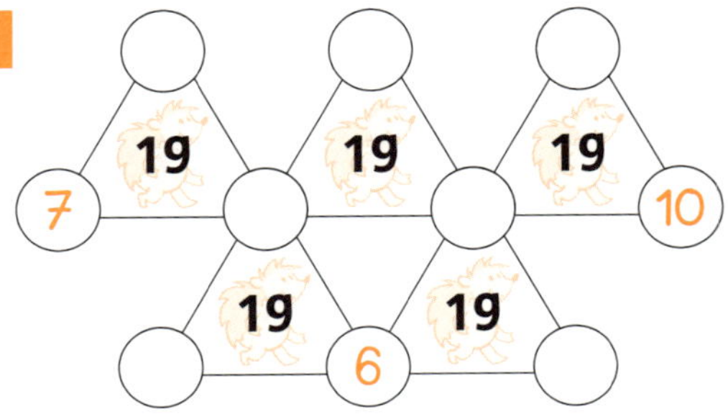

5

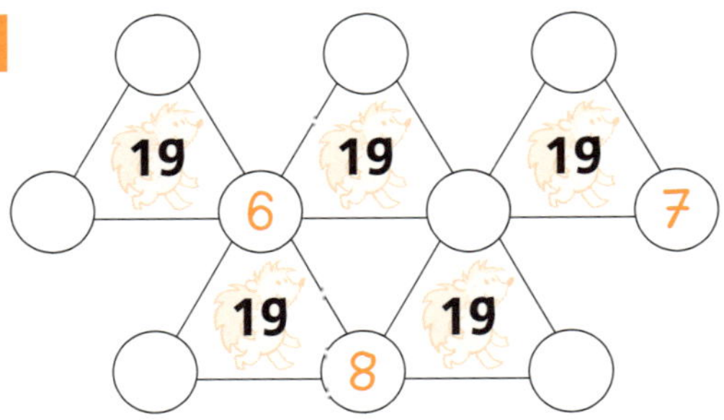

6

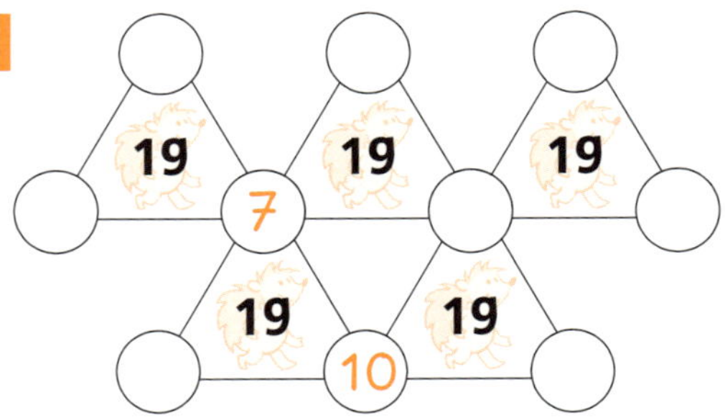

7

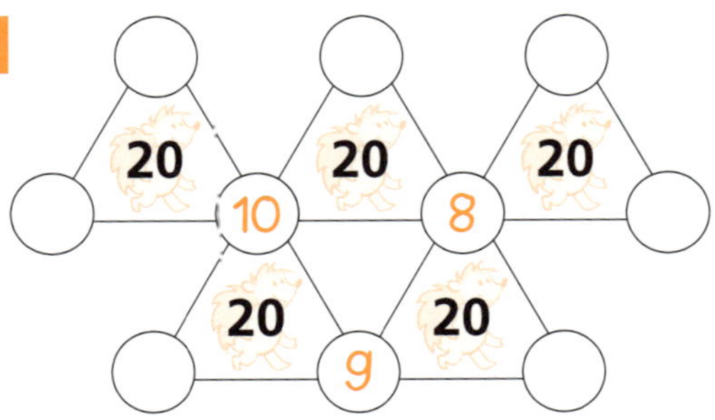

8

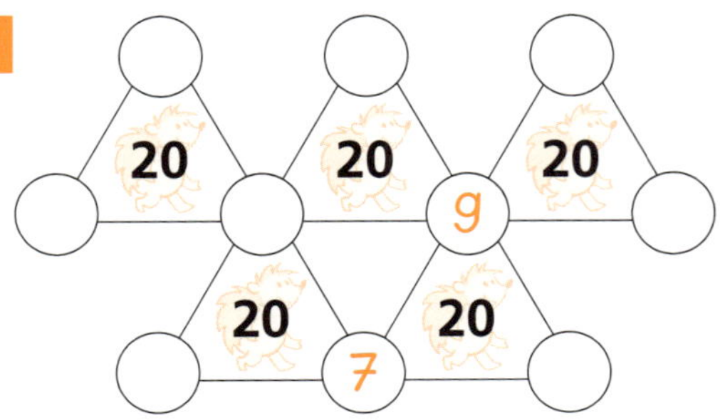

Evtl. Konfiguration als Operationsfeld groß aufzeichnen und Aufgaben mit Zahlenkarten probierend lösen.

Trage die Zahlen 1, 2, 3, 4, 5, 6, 7, 8, 9, 10 passend ein. Probiere.
Vergleiche immer die Lösungen der beiden Aufgaben.

1 a)

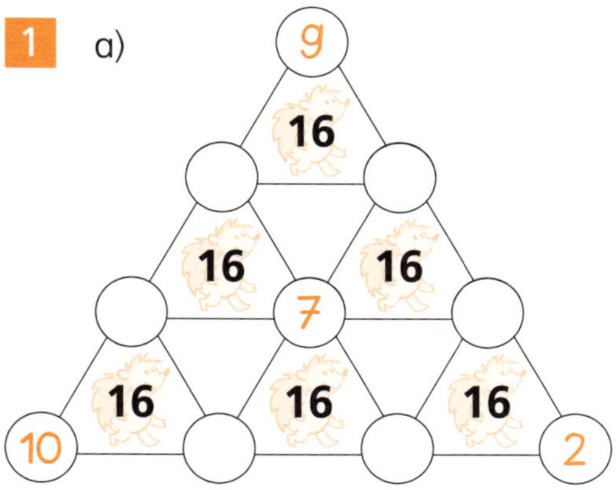

b)

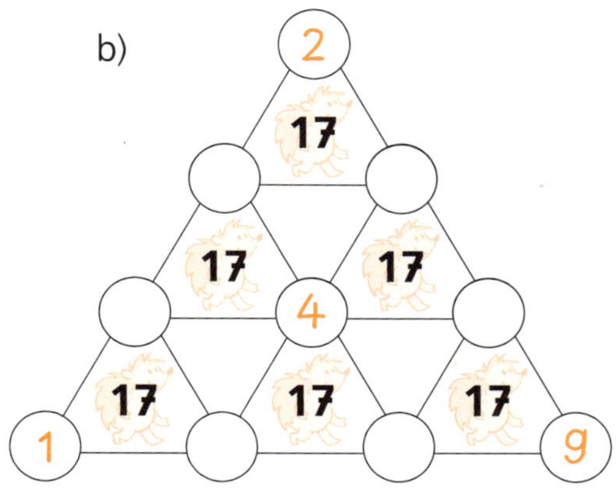

2 a)

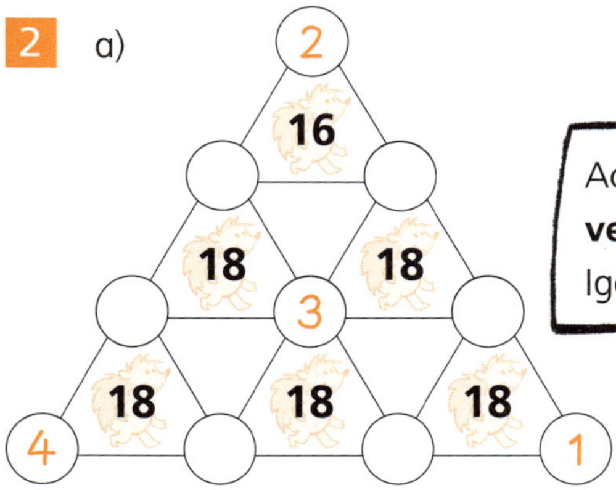

b)

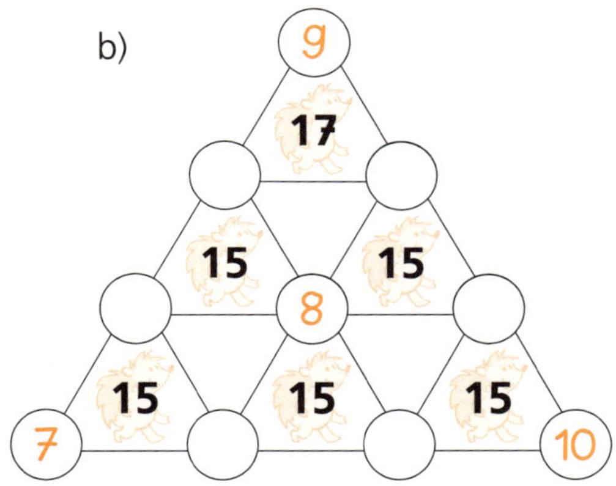

3 a)

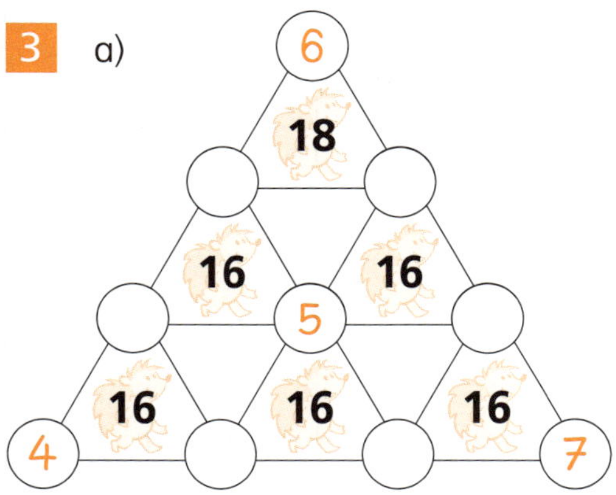

b)

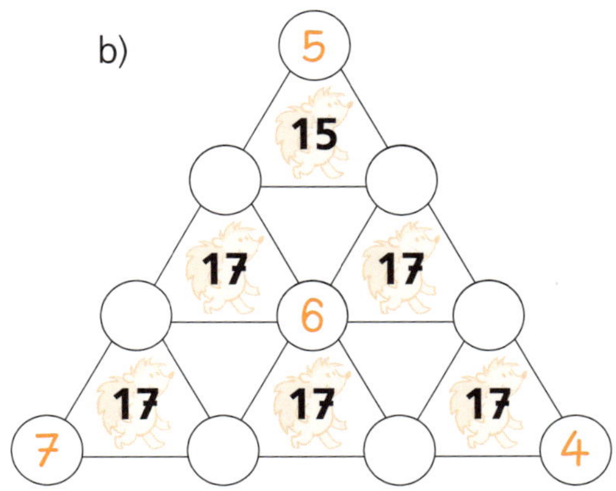

Evtl. Konfiguration als Operationsfeld groß aufzeichnen und Aufgaben mit Zahlenkarten probierend lösen.

Rechenzeichen

Rechne mit den fünf Zahlen **3**, **4**, **5**, **6**, **11**.
Wähle zuerst eine Startzahl und bilde dann mit den weiteren Zahlen eine Rechenkette.
Du kannst alle Rechenzeichen **+**, **−**, **·**, **:** verwenden.
Nach vier Rechnungen erreichst du eine Zielzahl.

Beispiel:

$\mathbf{3} \cdot \mathbf{5} = 15$
$15 + \mathbf{11} = 26$
$26 - \mathbf{6} = 20$
$20 : \mathbf{4} = \textcircled{5}$

Zielzahl 5

Versuche alle Zahlen von 1 bis 20 als Zielzahl zu erreichen.

Zielzahl 1	Zielzahl 2	Zielzahl 3	Zielzahl 4	$3 \cdot 5 = 15$ $15 + 11 = 26$ $26 - 6 = 20$ $20 : 4 = \textcircled{5}$ Zielzahl 5
Zielzahl 6	Zielzahl 7	Zielzahl 8	Zielzahl 9	Zielzahl 10
Zielzahl 11	Zielzahl 12	Zielzahl 13	Zielzahl 14	$5 \cdot 11 = 55$ $55 - 6 = 49$ $49 - 4 = 45$ $45 : 3 = \textcircled{15}$ Zielzahl 15
Zielzahl 16	Zielzahl 17	Zielzahl 18	Zielzahl 19	Zielzahl 20

Jede der fünf Zahlen darf beim Rechnen nur ein einziges Mal verwendet werden, die Rechenzeichen dagegen mehrfach.
Wenn eine der gegebenen Zahlen auch als Ergebnis auftritt, bleibt dies unbeachtet.
Auf einem gesonderten Blatt probieren und dann die Rechenketten in alle Felder richtig eintragen.

Bilde nun Rechenketten mit den sechs Zahlen **3**, **5**, **7**, **8**, **11**, **18**.
Nach jeweils fünf Rechnungen erreichst du wieder eine Zielzahl.

Versuche alle Zahlen von 1 bis 20 als Zielzahl zu erreichen.

11 + 8 = 19 19 − 18 = 1 1 + 7 = 8 8 − 5 = 3 3 : 3 = (1) Zielzahl 1	Zielzahl 2	Zielzahl 3	Zielzahl 4	Zielzahl 5
Zielzahl 6	Zielzahl 7	Zielzahl 8	Zielzahl 9	Zielzahl 10
Zielzahl 11	Zielzahl 12	Zielzahl 13	Zielzahl 14	Zielzahl 15
Zielzahl 16	Zielzahl 17	Zielzahl 18	Zielzahl 19	Zielzahl 20

Jede der sechs Zahlen darf beim Rechnen nur ein einziges Mal verwendet werden, die Rechenzeichen dagegen mehrfach.
Wenn eine der gegebenen Zahlen auch als Ergebnis auftritt, bleibt dies unbeachtet.
Auf einem gesonderten Blatt probieren und dann die Rechenketten in alle Felder richtig eintragen.

Rechenzeichen

Setze die passenden Rechenzeichen (**+**, **–**, **·**, **:**) so ein, dass die Gleichungen stimmen.

1
14 □ 2 = 7
14 □ 2 = 16
14 □ 2 = 12
14 □ 2 = 28

2
24 □ 3 = 8
24 □ 3 = 21
24 □ 3 = 72
24 □ 3 = 27

3
25 □ 5 = 30
25 □ 5 = 20
125 □ 5 = 25
5 □ 5 = 25

4
18 □ 3 = 6
18 □ 9 = 2
18 □ 2 = 36
18 □ 7 = 25

Finde die passenden Rechenzeichen.

5
4 □ 8 = 40 □ 8
6 □ 8 = 40 □ 8
6 □ 8 = 2 □ 7

6
3 □ 8 = 6 □ 4
8 □ 8 = 60 □ 4
17 □ 8 = 5 □ 5

7
26 □ 14 = 6 □ 2
3 □ 6 = 36 □ 2
6 □ 6 = 4 □ 9

8
9 □ 9 = 90 □ 9
7 □ 2 = 10 □ 4
5 □ 3 = 20 □ 5

9
9 □ 6 = 3 □ 1
5 □ 4 = 2 □ 10
4 □ 3 = 14 □ 2

10
9 □ 7 = 60 □ 3
5 □ 8 = 4 □ 9
8 □ 5 = 9 □ 6

11
7 □ 4 = 40 □ 12
7 □ 4 = 14 □ 2
3 □ 7 = 7 □ 3

12
5 □ 6 = 20 □ 10
3 □ 9 = 30 □ 3
7 □ 6 = 36 □ 6

13
15 □ 10 = 5 □ 5
18 □ 9 = 3 □ 9
5 □ 7 = 40 □ 5

14
5 □ 7 = 70 □ 2
5 □ 2 = 90 □ 9
15 □ 2 = 60 □ 2

15
8 □ 17 = 50 □ 2
17 □ 8 = 3 □ 3
14 □ 6 = 10 □ 2

16
12 □ 4 = 2 □ 1
25 □ 4 = 10 □ 10
18 □ 2 = 4 □ 9

17
20 □ 5 = 10 □ 10
7 □ 9 = 9 □ 7
12 □ 7 = 17 □ 12

18
18 □ 7 = 13 □ 12
8 □ 3 = 4 □ 6
100 □ 10 = 50 □ 5

19
45 □ 9 = 20 □ 4
7 □ 6 = 21 □ 2
28 □ 7 = 12 □ 3

20
20 □ 4 = 40 □ 8
20 □ 4 = 4 □ 20
20 □ 4 = 2 □ 40

21
56 □ 8 = 28 □ 4
36 □ 4 = 72 □ 8
49 □ 7 = 7 □ 6

22
16 □ 4 = 1 □ 20
16 □ 4 = 20 □ 5
16 □ 4 = 20 □ 8

Rechenzeichen zunächst mit Bleistift eintragen und durch Ausrechnen im Kopf überprüfen.

Der Igel denkt sich immer zwei Zahlen.

1 Eine der beiden Zahlen ist dreimal so groß wie die andere.
Ihre Summe ist 1000.

Erste Zahl .... Zweite Zahl ....

2 Eine der beiden Zahlen ist viermal so groß wie die andere.
Der Unterschied ist 600.

Erste Zahl .... Zweite Zahl ....

3 Erste Zahl mal zweite Zahl ist 1000.
Der Unterschied ist 30.

Erste Zahl .... Zweite Zahl ....

4 Erste Zahl mal zweite Zahl ergibt 100.
Erste Zahl geteilt durch zweite Zahl ist 4.

Erste Zahl .... Zweite Zahl ....

5 Die Summe der beiden Zahlen ist 1000.
Der Unterschied ist 100.

Erste Zahl .... Zweite Zahl ....

6 Der Unterschied der beiden Zahlen ist 100. Das Doppelte der ersten Zahl und die zweite Zahl ergeben zusammen 1000.

Erste Zahl .... Zweite Zahl ....

7 Die erste Zahl ist 100 größer als die zweite Zahl. Das Dreifache der ersten Zahl und das Doppelte der zweiten Zahl ergeben zusammen 1000.

Erste Zahl .... Zweite Zahl ....

8 Erste Zahl mal zweite Zahl ergibt 200.
Erste Zahl plus zweite Zahl ist 33.

Erste Zahl .... Zweite Zahl ....

Der Igel rechnet Rechenketten.

9 Start .... $\xrightarrow{\cdot 2}$ .... $\xrightarrow{-8}$ .... $\xrightarrow{\cdot 2}$ .... $\xrightarrow{-8}$ .... $\xrightarrow{\cdot 2}$ .... $\xrightarrow{-8}$ Ziel ....

a) Bei welcher Startzahl erreicht er die Zielzahl 0? ....

b) Bei welcher Startzahl erreicht er als Ziel wieder die Startzahl? ....

c) Bei welcher Startzahl ist das Ziel das Vierfache der Startzahl? ....

d) Bei welcher Startzahl erreicht er die Zielzahl 40? ....

Die Aufgaben durch Probieren angehen, z. B. durch Rechnen von Beispielen oder Annahme von „falschen" Lösungen.

1 Laura hat zwei Geldbeutel. Würde sie aus dem ersten Beutel 2 Euro in den zweiten legen, wäre in beiden Beuteln gleich viel Geld. Würde sie dagegen 2 Euro aus dem zweiten in den ersten Beutel legen, wäre im ersten Beutel dreimal so viel Geld wie im zweiten. Wie viel Euro sind im ersten, wie viel Euro im zweiten Geldbeutel?

2 Jan legt jeden Monat 10 Euro in seine Spardose. Jana spart im ersten Monat 2 Euro, im zweiten Monat 4 Euro, im dritten Monat 6 Euro, im vierten Monat 8 Euro usw. Nach wie vielen Monaten haben beide gleich viel gespart?

3 Simon sieht einen Schäfer mit einer Herde und sagt zu ihm: „Das sind bestimmt 500 Schafe." Der Schäfer antwortet: „Nein. Wenn du die richtige Anzahl Schafe verdoppeln würdest und noch einmal die Hälfte und noch 20 dazu rechnen würdest, dann wären es 500." Wie viele Schafe hat der Schäfer?

4 Zwei Schnecken laufen um die Wette. In der Zeit, in der die erste Schnecke 100 mm kriecht, schafft die zweite nur 75 mm. Deshalb bekommt die zweite 100 mm Vorsprung. Nach wie viel Millimetern holt die erste die zweite Schnecke ein?

5 Um 600 Eier schön zu färben, braucht der große Osterhase 40 Stunden, der kleine Osterhase benötigt dagegen 60 Stunden. Wie lange brauchen sie für 600 Eier, wenn sie zusammen arbeiten?

Die Aufgaben durch Probieren angehen, z. B. durch Zeichnungen, Beispiele, Tabellen oder Annahme von „falschen" Lösungen.